Kristina Schädlich

DEHP & PCB: Einfluss auf die Kardiomyogenese und Adipogenese

Kristina Schädlich

DEHP & PCB: Einfluss auf die Kardiomyogenese und Adipogenese

Südwestdeutscher Verlag für Hochschulschriften

Impressum / Imprint
Bibliografische Information der Deutschen Nationalbibliothek: Die Deutsche Nationalbibliothek verzeichnet diese Publikation in der Deutschen Nationalbibliografie; detaillierte bibliografische Daten sind im Internet über http://dnb.d-nb.de abrufbar.
Alle in diesem Buch genannten Marken und Produktnamen unterliegen warenzeichen-, marken- oder patentrechtlichem Schutz bzw. sind Warenzeichen oder eingetragene Warenzeichen der jeweiligen Inhaber. Die Wiedergabe von Marken, Produktnamen, Gebrauchsnamen, Handelsnamen, Warenbezeichnungen u.s.w. in diesem Werk berechtigt auch ohne besondere Kennzeichnung nicht zu der Annahme, dass solche Namen im Sinne der Warenzeichen- und Markenschutzgesetzgebung als frei zu betrachten wären und daher von jedermann benutzt werden dürften.

Bibliographic information published by the Deutsche Nationalbibliothek: The Deutsche Nationalbibliothek lists this publication in the Deutsche Nationalbibliografie; detailed bibliographic data are available in the Internet at http://dnb.d-nb.de.
Any brand names and product names mentioned in this book are subject to trademark, brand or patent protection and are trademarks or registered trademarks of their respective holders. The use of brand names, product names, common names, trade names, product descriptions etc. even without a particular marking in this works is in no way to be construed to mean that such names may be regarded as unrestricted in respect of trademark and brand protection legislation and could thus be used by anyone.

Coverbild / Cover image: www.ingimage.com

Verlag / Publisher:
Südwestdeutscher Verlag für Hochschulschriften
ist ein Imprint der / is a trademark of
OmniScriptum GmbH & Co. KG
Heinrich-Böcking-Str. 6-8, 66121 Saarbrücken, Deutschland / Germany
Email: info@svh-verlag.de

Herstellung: siehe letzte Seite /
Printed at: see last page
ISBN: 978-3-8381-3807-7

Zugl. / Approved by: Halle, Martin-Luther-Universität Halle-Wittenberg, Diss., 2012

Copyright © 2014 OmniScriptum GmbH & Co. KG
Alle Rechte vorbehalten. / All rights reserved. Saarbrücken 2014

Inhaltsverzeichnis

1	Einleitung	1
1.1	Allgemeine Einführung	1
1.2	Endokrine Disruptoren	4
1.2.1	Di(2-ethylhexyl)phthalat (DEHP)	4
1.2.2	Polychlorierte Biphenyle (PCB)	9
1.3	*In vitro*-Modelle zur Untersuchung der frühen Embryonalentwicklung	13
1.3.1	Allgemeine Charakterisierung muriner embryonaler Stammzellen	13
1.3.2	*In vitro*-Differenzierung embryonaler Stammzellen in *Embryoid Bodies* (EB)	16
1.3.3	Murine embryonale P19-Karzinomzellen als *in vitro*-Model für kardiomyogene Differenzierung	19
1.3.4	Murine C3H10T1/2-Zellen als Modell der frühen Adipogenese	19
1.3.5	Embryonale Stammzellmodelle als reproduktionstoxische Testsysteme	21
1.4	Untersuchte molekulare Marker im P19-ECC Stammzellmodell	24
1.4.1	Peroxisom-Proliferator-aktivierte Rezeptoren (PPAR) und ihre *Downstream*-Ziele	24
1.4.2	Markergene für die kardiomyogene Differenzierung von P19-ECC (Gja1 und Myh6)	28
1.4.3	Der Arylhydrocarbon-Rezeptor (AhR) - Signalweg und sein *Crosstalk* mit den PPARs	30
1.4.4	Apoptose-Markergene Caspase 3 und Bax	33
1.5	Untersuchung epigenetischer Mechanismen	35
1.5.1	DNA-Methyltransferasen 1, 3a und 3b	35
1.5.2	Histon-Deacetylase 1	36
1.6	Zielstellung der Arbeit	37
2	Chemikalienverzeichnis	41
3	Abkürzungsverzeichnis	44
4	Material und Methoden	47
4.1	Zelllinien und Zellkultur	47
4.2	P19-ECC Zellkultur	47
4.2.1	C3H10T1/2-Zellkultur	48
4.3	Kultivierung und Differenzierung der Zellen	48
4.3.1	Kultivierung und Differenzierung der P19-ECC in Kardiomyozyten	48
4.3.2	Kultivierung und Differenzierung der C3H10T1/2-Zellen in Adipozyten	50
4.3.3	Umsetzen der Zellen	51
4.3.4	Einfrieren und Auftauen der Zellen	52

4.4	Behandlung der Zellen	53
4.4.1	Behandlung von P19-ECC mit DEHP, PCB und DMSO	53
4.5	Behandlung von C3H10T1/2-Zellen mit DEHP, PCB und DMSO	53
4.6	Analyse der adipogenen Effizienz von C3H10T1/2-Zellen mittels *Fluorescence-activated cell sorting* (FACS)	54
4.7	Ermittlung der Schlagfrequenz von Kardiomyozyten mittels *Multielectrode Array* (MEA)	55
4.8	Ermittlung der Differenzierungsgeschwindigkeit von P19-ECC zu Kardiomyozyten	55
4.9	Genexpressionsanalyse mittels qRT-PCR	56
4.9.1	RNA-Isolation aus Geweben mit Guanidin-Thiocyanat (GTC)	56
4.9.2	RNA-Quantifizierung mittels UV-Spektroskopie	57
4.9.3	Verdau der DNA mit DNase I	57
4.9.4	Reverse Transkriptase Reaktion (RevertAid™ H Minus Reverse Transcriptase, Fermentas, Deutschland) – cDNA Synthese	58
4.9.5	Polymerase Ketten Reaktion (PCR)	59
4.9.6	Primer für die PCR	60
4.9.7	Gelelektrophoretische Auftrennung der DNA und RNA	61
4.9.8	Isolation von DNA-Fragmenten aus dem Gel	62
4.9.9	Herstellung von Plasmid-Standards für die quantitative Real-time PCR (qRT-PCR)	62
	Transformation der Plasmid-Standards in kompetente *E. coli* XL1-Blue	63
4.9.10	Plasmidisolation mit Spin-Säulchen	65
4.9.11	Restriktion von Plasmiden	65
4.9.12	Glycerinkultur	66
4.9.13	Quantitative Real-time PCR (qRT-PCR) mit SYBR®-Green	66
4.10	Proteinanalysen	68
4.10.1	Protein –RNA- und DNA-Isolation mittels Allprep-Kit von Qiagen	68
4.10.2	Proteinquantifizierung mit Bradford Reagenz	69
4.11	Proteom-Analyse	69
4.12	LC-MS/MS	70
4.13	Methylierungs-Analysen	72
4.13.1	Luminometric Methylation Assay (LUMA)	72
4.13.2	DNA-Methylierungsanalyse mittels Pyrosequenzierung	74
4.13.3	Primerdesign für die Pyrosequenzierung	76
5	Ergebnisse	82
5.1	Bestimmung der Transkriptmenge der Kardiomyozyten-Marker Myh6 und Gja1	82
5.1.1	Bestimmung der Transkriptmenge der PPARs und ihrer *Downstream*-Gene im P19-ECC Stammzellmodell	84

5.1.2　Bestimmung der Transkriptmenge methylierungsspezifischer Markergene im 19-ECC Stammzellmodell..................87

5.2　DEHP-Exposition der P19-ECC 89

5.2.1　Bestimmung der Transkriptmenge von kardialen Markergenen in differenzierenden P19-ECC nach DEHP-Exposition..................89

5.2.2　Bestimmung der Transkriptmenge der PPARs und ihrer *Downstream*-Gene in differenzierenden 19-ECC nach DEHP-Exposition..................92

5.2.3　Kardiomyogene Differenzierung von P19-ECC nach DEHP- Exposition..................98

5.2.4　Messung der Schlagfrequenz von Kardiomyozyten nach DEHP-Exposition..................100

5.2.5　Analyse von Apoptose-Markergenen nach DEHP-Behandlung [100 µg/ml]..................102

5.2.6　Bestimmung der Transkriptmenge methylierungsspezifischer Markergene in differenzierenden P19-ECC nach DEHP-Exposition..................104

5.2.7　Globaler Methylierungsstatus von kardiomyogen differenzierten P19-ECC..................106

5.2.8　Analyse des CpG-Methylierungs-Musters spezifischer Zielgene in P19-ECC Kardiomyozyten nach DEHP-Exposition (Pyrosequenzierung)..................107

5.2.9　Transkriptionsfaktorbindestellen in veränderten CpGs der PPARs..................113

5.3　PCB-Exposition der P19-ECC 115

5.3.1　Bestimmung der Transkriptmenge von kardialen Markergenen in differenzierenden P19-ECC nach PCB-Exposition..................115

5.3.2　Bestimmung der Transkriptmenge der PPARs und ihrer *Downstream*-Gene in differenzierenden 19-ECC nach PCB-Exposition..................117

5.3.3　Bestimmung der Transkriptmenge von Cyp1a1 nach PCB-Exposition..................121

5.3.4　Bestimmung der Transkriptmenge methylierungsspezifischer Markergene in differenzierenden P19-ECC nach DEHP-Exposition..................122

5.4　Kombinierte Exposition (PCB+DEHP) der P19-ECC..................124

5.4.1　Bestimmung der Transkriptmenge von kardialen Markergenen in differenzierenden P19-ECC nach PCB+DEHP-Exposition..................125

5.4.2　Bestimmung der Transkriptmenge der PPARs und ihrer *Downstream*-Gene in differenzierenden 19-ECC nach PCB+DEHP-Exposition..................126

5.4.3　Bestimmung der Transkriptmenge des AhR-Zielgens Cyp1a1 nach PCB+DEHP-Exposition..................129

5.4.4　Messenger-RNA Expression methylierungsspezifischer Markergene in kardiomyogen differenzierenden P19-ECC nach DEHP+PCB-Exposition..................131

5.5　Proteom-Analyse von DEHP, PCB und DEHP+PCB exponierten C3H10T1/2 – Adipozyten..................132

5.5.1　Validierung der Proteom-Analyse mittels qRT-PCR..................142

5.5.2　FACS-Analyse der C3H10T1/2-Differenzierungseffizienz in Adipozyten nach DEHP-, PCB- und DEHP+PCB-Exposition..................144

6　Diskussion..................145

6.1　Stammzellmodelle..................146

6.2　Verwendete Konzentrationen..................147

6.3 Myh6, Gja1 und die PPARs sind molekulare Marker für die kardiomyogene Differenzierung von P19-ECC 148

6.4 Eine DEHP-Exposition von P19-ECC im undifferenzierten Stadium beeinflusst die Expression der PPARs und ihrer *Downstream*-Gene, sowie die Differenzierung zu Kardiomyozyten 149

6.4.1 Dosis-Wirkungs-Beziehungen nach DEHP-Exposition in kardiomyogen differenzierenden P19-ECC 150

6.4.2 DEHP bewirkt eine Störung des Metabolismus bei kardiomyogen differenzierenden P19-ECC sowie eine erhöhte Schlagfrequenz über die Modulation der PPAR-Expression 151

6.4.3 DEHP-Exposition bewirkt eine beschleunigte Differenzierung der P19-ECC in Kardiomyozyten 157

6.4.4 DEHP-Exposition kardiomyogen differenzierender P19-ECC führt zu differentieller Methylierung spezifischer CpGs in PPAR-Promotoren 158

6.5 Eine PCB-Exposition von P19-ECC im undifferenzierten Stadium beeinflusst die Expression der PPARs, ihrer *Downstream*-Gene sowie den AhR-Signalweg 167

6.5.1 Expression methylierungsspezifischer Marker nach PCB-Exposition kardiomyogen differenzierender P19-ECC 174

6.6 Die niedrigste kombinierte DEHP+PCB-Exposition [Mix1] übt den größten Einfluss auf die Expression molekularer Marker in kardiomyogen differenzierenden P19-ECC aus 176

6.6.1 DEHP+PCB-Exposition führt zu kompensatorischen Effekten in der Expression methylierungsspezifischer Markergene in kardiomyogen differenzierenden P19-ECC 180

6.7 DEHP und/oder PCB-Exposition in der undifferenzierten Phase führt zu veränderten Proteinmengen metabolischer und ROS-detoxifizierender Proteine in C3H10T1/2-Zellen 183

6.8 DEHP- und/oder PCB-Exposition und die DOHaD-Hypothese 192

6.9 *Real-world exposures*, Substanz-Gemische und nicht-monotone Dosis-Wirkungs-Kurven 194

7 Zusammenfassung 196

8 Abbildungsverzeichnis 200

9 Literaturverzeichnis 203

1. Einleitung

1.1 Allgemeine Einführung

„Is plastic really fantastic?" – ist eine der Fragen, welcher sich die heutige Gesellschaft stellen muss, nicht nur aufgrund der schwindenden Erdölreserven, sondern auch der allgemeinen Umweltgesundheit wegen. Einer der Bestandteile der meisten Plastikprodukte des täglichen Gebrauchs ist der Weichmacher Di(2-ethylhexyl)phthalat (DEHP). Er kommt unter anderem in Deckeldichtungen von Getränkeflaschen und Einmachgläsern, in Lebensmittelverpackungen, PVC-Bodenbelägen, Medikamenten sowie in Infusionsbeuteln und -schläuchen vor. In Kinderspielzeugen ist die Verwendung von DEHP EU-weit seit 2005, in bestimmten Babyartikeln bereits seit 2000 verboten (EU-Richtlinie 2005/84 EG; BGBl. II Nr.111/2000). DEHP ist eine der ubiquitär vorkommenden Verbindungen die zu den endokrinen Disruptoren gehört.

Eine andere große und nachweislich endokrin wirksame Gruppe von Umweltschadstoffen sind die polychlorierten Biphenyle (PCB). PCB wurden bis in die 1980er Jahre vor allem in Transformatoren, elektrischen Kondensatoren, in Hydraulikanlagen als Hydraulikflüssigkeit sowie als Weichmacher in Lacken, Dichtungsmassen, Isoliermitteln und Kunststoffen verwendet. Sie zählen allerdings inzwischen zu den zwölf als „dreckiges Dutzend" bekannten organischen Giftstoffen, welche durch die Stockholmer Konvention vom 22. Mai 2001 weltweit verboten wurden. Trotz dieses Verbotes sind PCB noch immer umweltmedizinisch relevant, da sie biologisch kaum abbaubar und damit in der Umwelt persistent sind. Von den genannten Verbindungen (DEHP und PCB) ist bekannt, dass sie plazentagängig (Silva et al., 2004; Correia Carreira et al., 2011) sind und somit bereits intrauterin schädliche Einflüsse ausüben können.

Während der letzten 30 Jahre ist die Prävalenz von Zivilisationskrankheiten wie Herzkreislauferkrankungen, Adipositas und Diabetes Typ II drastisch angestiegen. In Deutschland sind laut OECD-Bericht (OECD 2010) 52 % der Erwachsenen übergewichtig (BMI: 25 bis 30) und 16 % adipös (BMI: 30 bis ≥ 40). Damit liegen die Deutschen im weltweiten Vergleich auf Platz 14. Bei den übergewichtigen und adipösen Kindern und Jugendlichen (5-17 Jahre) liegen die Deutschen mit 20 % ebenfalls auf Platz 14. Herz-Kreislauferkrankungen (z.B. Herzinfarkt) und zerebrovaskuläre Krankheiten (z.B. Schlaganfall) waren 2006 mit 36 % aller Todesfälle die häufigste Todesursache in nahezu allen OECD-Ländern (OECD, 2010).

Untersuchungen zeigen einen direkten Zusammenhang zwischen der Umweltbelastung mit Industrie-Chemikalien und den genannten Volkskrankheiten auf (Schug et al., 2011; Janesick und Blumberg, 2011; Janesick und Blumberg, 2012; García-Mayor et al., 2012; Karoutsou und Polymeris, 2012; Holtcamp, 2012; Grün, 2010). Endokrin aktive Industrie-Chemikalien werden auch Endokrine Disruptoren bzw. *Endocrine Disrupting Chemicals* (EDCs) oder *Umwelthormone* genannt. Sie wirken wie Hormone über Rezeptoren und können somit das empfindliche Gleichgewicht des endokrinen Systems bei Tier und Mensch stören. Dabei handelt es sich sowohl um natürliche (z.B. Phytoöstrogene) als auch um synthetisch hergestellte Verbindungen, welche auf verschiedenen Wegen in die Umwelt gelangen können. Durch Bioakkumulation können Schäden hervorgerufen werden, die sich z. T. erst lange nach der Aufnahme im tierischen und menschlichen Organismus manifestieren.

Eine besondere Problematik ist die Tatsache, dass diese EDCs nicht nur isoliert vorkommen und wirken, sondern auch in Kombination mit anderen Umweltschadstoffen. Dies könnte bedeuten, dass Zivilisationskrankheiten wie Herzkreislauferkrankungen, Adipositas und Diabetes Typ II bereits im Mutterleib durch z. B. eine Exposition mit Endokrinen Disruptoren ausgelöst werden (McMillen et al., 2005). Barker und Kollegen haben diesen Zusammenhang in der „*Developmental Origins of Health and Disease*" Hypothese – kurz DOHaD Hypothese – angedeutet (Barker et al., 1993). Diese Hypothese besagt, dass sich die Lebensbedingungen der Mutter (z.B. Hunger, fettreiche Ernährung) intrauterin auf die Programmierung der Entwicklung und des Stoffwechsels des sich entwickelnden Embryos auswirken kann.

Eine solche fetale Programmierung kann sowohl durch eine veränderte Konzentration verschiedener Signalmoleküle in der Entwicklung (z.B. Wachstumsfaktoren (Hormone allgemein), Nährstoffe) oder durch eine direkte und sich langfristig auswirkende Modulation geschehen. Von diesen Veränderungen können u.a. der Glukose- und Fettstoffwechsel des Fötus und späteren Erwachsenen (metabolische Programmierung) betroffen sein, aber z.B. auch die Entwicklung bestimmter Organe wie die des Herzens (Watkins et al., 2011; Odom und Taylor, 2010; Fleming et al., 2012).

Diese Zusammenhänge wurden in der vorliegenden Arbeit im Rahmen einer EU-weiten Kooperation (*REEF*) näher untersucht.

1.2 Endokrine Disruptoren

1.2.1 Di(2-ethylhexyl)phthalat (DEHP)

Die Phthalate gehören mit einer Einsatzmenge von 2 Mio. Tonnen/Jahr weltweit zu den wichtigsten Industriechemikalien und werden in Kunststoffen (PVC), Kunststoffverkleidungen- und belägen, als Additiva in Farben, Lacken und Dispersionen, in Munition, Schmier- und Lösemitteln, in Textilhilfsmitteln sowie in kosmetischen Präparaten (Parfüms, Deodorants, Nagellacken etc.) und Arzneimitteln eingesetzt. Di(2-ethylhexyl)phthalat (DEHP), auch Bis(2-ethylhexyl)phthalat genannt, gehört damit zu den am häufigsten als Weichmacher eingesetzten Phthalaten. DEHP ist chemisch sehr stabil, farb-, geruch- und geschmackslos. Es besitzt eine geringe akute Toxizität, wird aber hinsichtlich seiner chronischen Toxizität in die R-Sätze 60 und 61 eingestuft: R60: Kann die Fortpflanzungsfähigkeit beeinträchtigen; R61: Kann das Kind im Mutterleib schädigen. DEHP ist nichtkovalent an das PVC gebunden und kann daher ausgasen bzw. beim Kontakt mit Flüssigkeiten oder Fetten herausgelöst werden. In Verpackungsmaterial von Lebensmitteln verwendet, kann es in fettreiche Nahrungsmittel übertreten. Zudem bedeutet die gute Fettlöslichkeit, dass DEHP im Fettgewebe akkumuliert, weshalb es in Muttermilch, aber auch in „natürlichen" Lebensmitteln wie Butter und Käse nachgewiesen wird (Main et al., 2006; Hines et al., 2009; Sharman et al., 1994).

Die tägliche Aufnahme von DEHP ist relativ schwer bestimmbar, weshalb die Angaben für den durchschnittlichen Erwachsenen in µg/kg KG/Tag zwischen 1.3 und 5.8 schwanken. Bei Neugeborenen und Kindern liegen diese Werte aufgrund des geringeren Körpergewichtes wesentlich höher (bis zu 25 µg/kg KG/Tag) und werden z.B. durch intensivmedizinische Versorgung (z.B. bei Frühgeborenen) noch zusätzlich erhöht (SCENIHR, 2008). Der Abbau im menschlichen Körper geschieht bei oraler Aufnahme bereits im Mund (Niino et al., 2003) und nachfolgend im Gastrointestinaltrakt, wobei im ersten Schritt eine hydrolytische Spaltung des DEHP durch Lipasen in seinen Monoester Mono(2-ethylhexyl)phthalat (MEHP) und 2-Ethylhexanol (2-EH) erfolgt (Albro und Thomas, 1973; Albro et al., 1982). Diese hydrolytischen Lipasen kommen in vielen Geweben des menschlichen Körpers vor, so z.B. im Pankreas, der intestinalen Mukosa und in der Leber. DEHP wird im Gastrointestinaltrakt vor allem als MEHP absorbiert und anschließend in der Leber weiter abgebaut (Abbildung 1). Die verschiedenen DEHP-Metabolite werden dann glucoronidiert über den Urin ausgeschieden (Silva et al., 2003; Kato et al., 2004).

Aufgrund des großen industriellen Einsatzes und der Belastung der Umwelt gibt es seit den 1970er Jahren zahlreiche wissenschaftliche Veröffentlichungen in verschiedensten Bereichen. Die meisten Studien wurden mit Hinblick auf Reproduktionstoxizität an Nagern und vor allem im männlichen Geschlecht durchgeführt. Hierbei zeigten sich abhängig von Dosis und Spezies ähnliche aber auch widersprüchliche Ergebnisse. Eine intrauterine Exposition männlicher Nachkommen wirkte sich negativ auf die (1) Ausbildung der Geschlechtsorgane, (2) die testikuläre Entwicklung (Hypospadie, Cryptorchismus) und (3) die Samenqualität aus (Gray et al., 1999; Gray et al., 2000; Gunnarsson et al., 2008; Sharpe, 2008; Foster, 2006). Des Weiteren wurde gezeigt, dass sich unter DEHP-Exposition die Anogenital-Distanz (AGD) verkleinerte, was einen Hinweis auf „Verweiblichung" bzw. eine antiandrogene Wirkung von DEHP gibt (Jarfelt et al., 2005; Gray et al., 2000; Borch et al., 2006). Diese Phänotypen werden als „Phthalat-Syndrom" zusammengefasst. Studien an weiblichen *in utero* exponierten Nachkommen sind zahlenmäßig nicht mit dem männlichen Geschlecht vergleichbar aber auch hier zeigten sich bereits signifikante Effekte z.B. auf Ovarentwicklung und -funktion, das Einsetzen der Pubertät und auf das Steuerungssystem Hypothalamus-Hypophyse-Gonaden (Pocar et al., 2011). In epidemiologischen Studien konnten auch DEHP-Effekte beim Menschen nachgewiesen werden. So kam es bei exponierten Kleinkindern zu Fehlbildungen der Genitale sowie einer verringerte AGD (Swan et al., 2005; Swan, 2006; Huang et al., 2008).

Neben Effekten auf die männliche und weibliche Reproduktionsfähigkeit konnten auch Korrelationen zwischen Phthalat-Metaboliten im Urin und erhöhtem Taillenumfang und BMI bei Kindern und Erwachsenen festgestellt werden (Hatch et al., 2008; Teitelbaum et al., 2012). Aufgrund dieser Beobachtungen, welche auch im Tiermodell bestätigt wurden (Schmidt et al., 2012), wird DEHP auch als „Obesogen" (Grün, 2010; Janesick und Blumberg, 2012; Holtcamp, 2012) bezeichnet. Feige und Kollegen zeigten, dass der Transkriptionsfaktor Pparg, welcher ein entscheidender Regulator der Adipogenese ist, ein Zielgen von MEHP darstellt (Feige et al., 2007a). Im Stammzellmodell (C3H10T1/2) führte eine DEHP-Exposition in der Phase der hormonellen Induktion zu einer erhöhten Adipogenese (Biemann et al., 2012). In 3T3-L1 Preadipozyten wurde dieser Effekt bei MEHP ebenfalls beobachtet. Die erhöhte Differenzierung von Preadipozyten in Adipozyten korrelierte mit einer erhöhten Synthese und Speicherung von Triglyzeriden sowie deren Aufnahme (Ellero-Simatos et al., 2011).

Singh und Mitarbeiter analysierten die Interaktionen von 16 Phthalaten mit Genen/Proteinen auf der Grundlage von Daten aus der *Comparative Toxicogenomic Database* (CTD). Sie fanden 256 DEHP/MEHP-Gen-Interaktionen, wobei die PPARs die Liste der Gene anführten. Eine Analyse hinsichtlich der assoziierten Krankheiten bzw. Toxizitäten zeigte an erster Stelle Kardiotoxizität (Herzversagen, Tachykardie, Herzinfarkt etc.) (Singh und Li, 2011). In Kulturen von neonatalen Kardiomyozyten der Ratte führte eine DEHP-Exposition zu einer gestörten Reizweiterleitung, welche zu asynchronem Schlagen der Zellen führte. Dieser Effekt wurde auf einen Verlust des Gap-Junction Proteins Cx43 zurückgeführt (Gillum et al., 2009). Des Weiteren zeigten mRNA-Analysen, dass 47 Gene in neonatalen Rattenherzen nach DEHP-Exposition in ihrer Expression verändert wurden, so z.B. Kinesin, Alpha-Tubulin u.s.w. (Posnack et al., 2010).

In der vorliegenden Arbeit werden die Effekte einer DEHP-Exposition während des undifferenzierten Wachstums auf die spätere Differenzierung von P19-ECC (kardiogen) und C3H10T1/2

Zellen (adipogen) untersucht. Ziel ist es, die zugrundeliegenden Mechanismen besser zu verstehen.

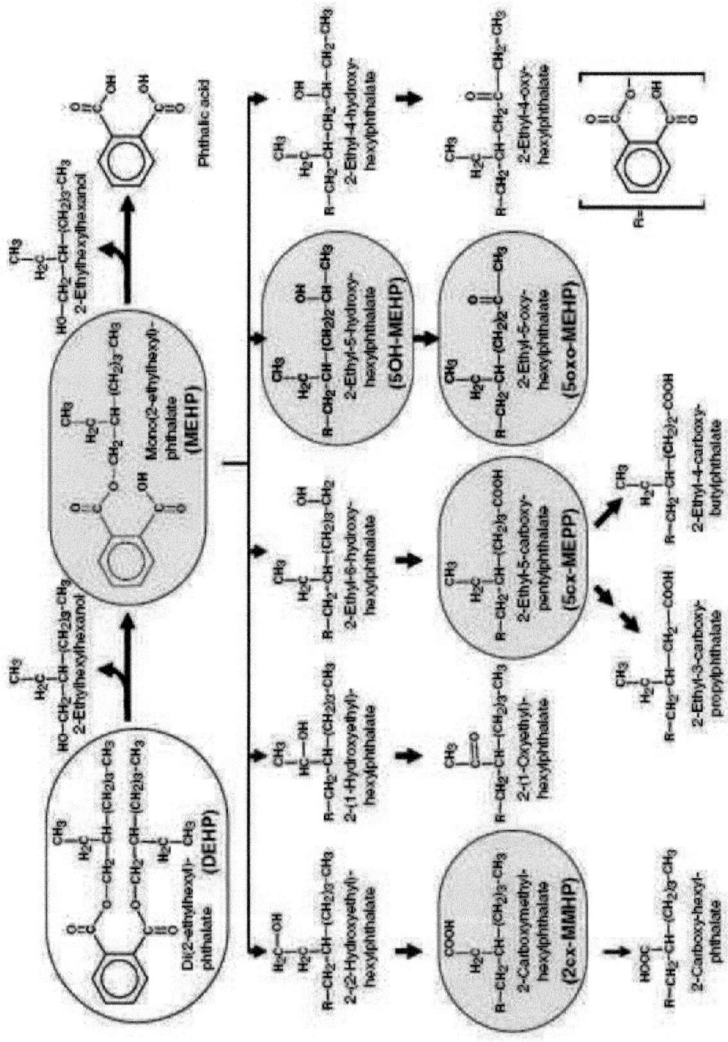

Abbildung 1: DEHP-Metabolismus im Menschen (modifiziert nach Albro 1982) -
Die wichtigsten Metabolite nach Koch et. al sind fett gedruckt (Koch et al. 2005).

1.2.2 Polychlorierte Biphenyle (PCB)

Die Stoffgruppe der Polychlorierten Biphenyle (PCB) umfasst die Derivate des Biphenyls, bei denen Chlor an einer oder mehreren der 10 Positionen 2 – 6 bzw. 2' – 6' gebunden ist (Abbildung 2).

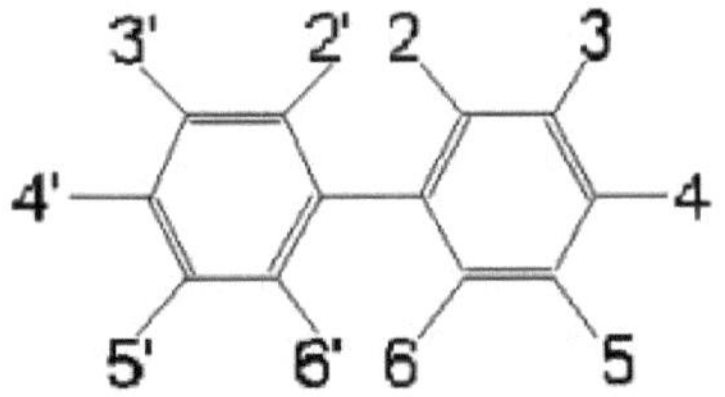

Abbildung 2: Grundstruktur der PCB - Derivate des Biphenyls mit Bindung von Chlor an einer oder mehreren Positionen (2 – 6 bzw. 2' – 6').

In Abhängigkeit von der Position und der Anzahl der Chloratome gibt es 209 verschiedene chlorierte Biphenyle, so genannte Kongenere, die bei Zimmertemperatur flüssig oder fest sind und sich in Wasser nur wenig lösen. Bei den technisch eingesetzten PCB handelt es sich meist um Mischungen verschiedener Kongenere. Bekannte technische Gemische werden als Aroclor bezeichnet.

Polychlorierte Biphenyle sind lipophil, schwer entflammbar, elektrisch nicht leitend und biologisch kaum abbaubar. Seit 1929 industriell hergestellt, fanden sie weltweit Anwendung vor allem in Wärmeüberträgern, Transformatoren und elektrischen Kondensatoren, in Hydraulikanlagen im untertägigen Bergbau sowie als Weichmacher in Anstrichstoffen, Dichtungsmassen und Kunststoffen (z.B. Kabelummantelungen).

Eine besondere Gruppe der PCB sind die „Dioxin-ähnlichen PCB", bei denen die beiden Phenylringe in einer Ebene liegen. Das planare PCB-Molekül verhält sich molekularbiologisch ähnlich dem planaren 2,3,7,8-Tetrachlordibenzo-p-dioxin (TCDD oder kurz Dioxin). Die vorliegende Arbeit hat sich auf die zwei Kongenere 101 (2,2',4,5,5'-Pentachlorobiphenyl; nicht co-planar) und 118 (2,3',4,4',5-Pentachlorobiphenyl; co-planar) begrenzt, welche stets im Gemisch 1:1 eingesetzt wurden. Das leicht flüchtige Kongener PCB 101 ist eines der Ballschmiter-Kongenere (Leitsubstanzen dieser Stoffgruppe) (Mills III et al., 2007), welches bei allgemeinen PCB-Messungen z.B. in der Raumluft bestimmt wird, um anschließend den Gesamtgehalt an PCB abzuschätzen. Das co-planare Kongener 118 ist aufgrund seiner Struktur „Dioxin-ähnlich" und somit hochtoxisch. PCB-Kongenere gelten als gute Indikatoren für die industrielle Verschmutzung z.B. in fettreichen Nahrungsmitteln wie Öl und Fisch (Garritano et al., 2006).

Als Folge von Industrieunfällen und insbesondere von unsachgemäßem Abfallmanagement sind die PCB zahlreich in die Umwelt gelangt. Obwohl sie nur bis in die 1980er in Europa eingesetzt wurden und im Mai 2001 durch die Stockholmer Konvention weltweit verboten wurden, sind sie durch ihre hohe Persistenz auch heute noch ubiquitär nachweisbar. Sie akkumulieren sich zum einen in der Nahrungskette (in fettreichen Nahrungsmitteln wie z.B. Fisch) und werden darüber hinaus über große Entfernungen durch die Luft transportiert, wobei sie sich in kälteren Regionen, in denen sie nie verwendet wurden, anreichern. Besonders hohe PCB-Gehalte sind im Fettgewebe arktischer

Säuger wie Robben und Eisbären, aber auch in der Muttermilch der Inuit-Frauen festzustellen (Ayotte et al., 2003; Dallaire et al., 2009). Der Abbau von PCB im Organismus geschieht in der Phase I Reaktion über eine Hydroxylierung der PCB durch Cytochrom P-450 Enzyme. Anschließend können diese konjugiert und aufgrund ihrer höheren Polarität ausgeschieden werden (Warner et al., 2009). Trotzdem gibt es hydroxylierte PCB, welche im Blutplasma persistieren, weil sie aufgrund ihrer Ähnlichkeit mit den Schilddrüsenhormonen mit hoher Affinität an das Transportprotein Transthyretin binden (Brouwer et al., 1998). Diese Eigenschaft führt potentiell zur Störung des endokrinen Systems sowie zu zytotoxischen und thyroidogenen Effekten. Der TDI für PCB liegt seit 1983 bei 1-3 µg/kg KG/Tag (ehemaliges Bundesgesundheitsamt). Es gibt allerdings Versuche einer Neubewertung, wobei der ermittelte TDI deutlich niedriger bei 15 ng/kg KG/ Tag liegt (Landesumweltamt Nordrhein-Westfalen, 2002).

Aufgrund der hohen Heterogenität der 209 Kongenere lassen sich für die PCB folgende chronische Haupteffekte benennen: Neurotoxizität, Immuntoxizität, reproduktionstoxische Effekte, Schilddrüseneffekte, Hepatotoxizität, Hauteffekte, Kanzerogenität. Für die vorliegende Fragestellung waren vor allem die reproduktionstoxischen Effekte relevant. PCB treten in das Uterussekret über und erreichen so schon die ersten Entwicklungsstadien. PCB sind plazentagängig und lassen sich im Nabelschnurblut detektieren (Gladen et al., 1988; Correia Carreira et al., 2011). PCB nehmen direkten Einfluss auf die Entwicklung und Expression zelllinienspezifischer Gene in Blastozysten (Clausen et al., 2005). Nach *in utero*-Exposition zeigten sich bei den

Nachkommen sowohl im Tiermodell (Eriksson und Fredriksson, 1998), als auch beim Menschen neurologische Auffälligkeiten (Plusquellec et al. 2010; Jacobson und Jacobson 2002; Ayotte et al., 2003). Auch in der Geschlechtsentwicklung und Differenzierung bei *in utero* exponierten Mäusen wurden Effekte von verschiedenen PCB nachgewiesen. So wurde z.b. bei F1-Nachkommen von CD-1 Mäusen eine Verringerung des Testes-Gewichtes und eine verminderte Spermien-Qualität, sowie eine Verringerung der Ovarien-Gewichte und eine verminderte Differenzierungskapazität von Oozyten nachgewiesen (Pocar et al., 2011). In einer Humanstudie an 8 Jahre alten Mädchen, welche *in utero* mit erhöhten PCB-Konzentrationen konfrontiert waren, wurden erniedrigte Östrogenspiegel und verkürzte Fundus- und Uteruslängen beobachtet (Su et al., 2012).

Neben neurologischen und reproduktionstoxischen Effekten haben PCB auch einen Einfluss auf die Adipogenese. Das dioxinähnliche PCB 153 führte in 3T3-L1 Adipozyten zu einer erhöhten Lipid-Akkumulation sowie zu einer erhöhten Sekretion der Adipokine Leptin, Resistin und Adiponektin (Taxvig et al., 2012). *Follow-up* Studien der Michigan Kohorte zeigten nach 25 Jahren, dass eine erhöhte PCB-Serumkonzentration mit einem erhöhten Risiko für Typ II Diabetes und Adipositas verbunden war (Vasiliu et al., 2006). Der Zusammenhang von kardiovaskulären Erkrankungen und einer PCB-Exposition wurde bisher kaum untersucht. Dass es Korrelationen gibt, zeigt z.B. die epidemiologische Studie von Goncharov und Mitarbeitern. Sie zeigten, dass eine PCB-Exposition, welche Effekte über P450 Enzyme hervorruft, direkt für eine erhöhte Synthese von Cholesterol und Triglyzeriden verantwortlich ist. Beide

Substanzen sind Haupt-Risikofaktoren für kardiovaskuläre Erkrankungen (Goncharov et al., 2008). In der vorliegenden Arbeit werden Effekte einer PCB-Exposition während des undifferenzierten Wachstums auf die spätere Differenzierung von P19-ECC (kardiogen) und C3H10T1/2 (adipogen) untersucht. Ziel ist es, die zugrundeliegenden Mechanismen weiter aufzuklären.

1.3 In vitro-Modelle zur Untersuchung der frühen Embryonalentwicklung

1.3.1 Allgemeine Charakterisierung muriner embryonaler Stammzellen

Die Generierung embryonaler Stammzellen für die Forschung begann bereits in den 1970er Jahren mit der Isolation und Etablierung von Teratokarzinom-Zelllinien wie P19-ECC (Kahan et al., 1970; Gearhart et. al, 1974). Teratokarzinom-Zelllinien sind in der Lage, alle drei Keimblätter auszubilden. In die ICM injiziert führen sie zur Entwicklung chimärer Mäuse (Mintz et al., 1975). In den 1980er Jahren gelang es dann erstmals, pluripotente embryonale Stammzellen (ES-Zellen) aus der inneren Zellmasse der Blastozyste (ICM) zu isolieren und dauerhaft zu kultivieren. Dafür mussten Bedingungen geschaffen werden, welche die Zellen im pluripotenten Status hielten. Dies geschah mit Hilfe von murinen „feeder layers", auch MEFs genannt (primäre embryonale Maus-Fibroblasten) (Evans et al., 1981), mit konditioniertem Medium (Martin, 1981) oder der Zugabe bestimmter Faktoren wie *ES cell differentiation inhibitory activity* (DIA) oder *leukaemia inhibitory factor* (LIF) (Smith et al., 1988).

Weitere und den ES-Zellen in großem Maße ähnliche pluripotente Stammzellen sind embryonale Keimzellen (EG). Diese werden aus primordialen Keimzellen (PGC), welche sich in der Genitalrinne des Embryos bilden, gewonnen (Abbildung 3) (Labosky et al., 1994; Stewart et al., 1994).

Die zuvor beschriebenen Stammzelllinien müssen bestimmte Eigenschaften aufweisen, welche sie eindeutig als pluripotente Stammzellen auszeichnen: (1) nach Reimplantation in die Blastozyste müssen die Zellen an der Bildung des Embryos beteiligt sein; (2) *in vitro* müssen sie in der Lage sein, alle drei Keimblätter zu bilden; (3) die Zellen müssen ein hohes Kern-Zytoplasma-Verhältnis aufweisen; (4) die Zellen sind hypomethyliert; (5) die Zellen weisen eine hohe Alkalische Phosphatase Aktivität auf; (6) die Zellzykluslängen besitzen im Vergleich zu differenzierten Zellen eine kurze G1-Phase; (7) die Zellen exprimieren Oct-4 und SSEA-1 (Wobus 1997).

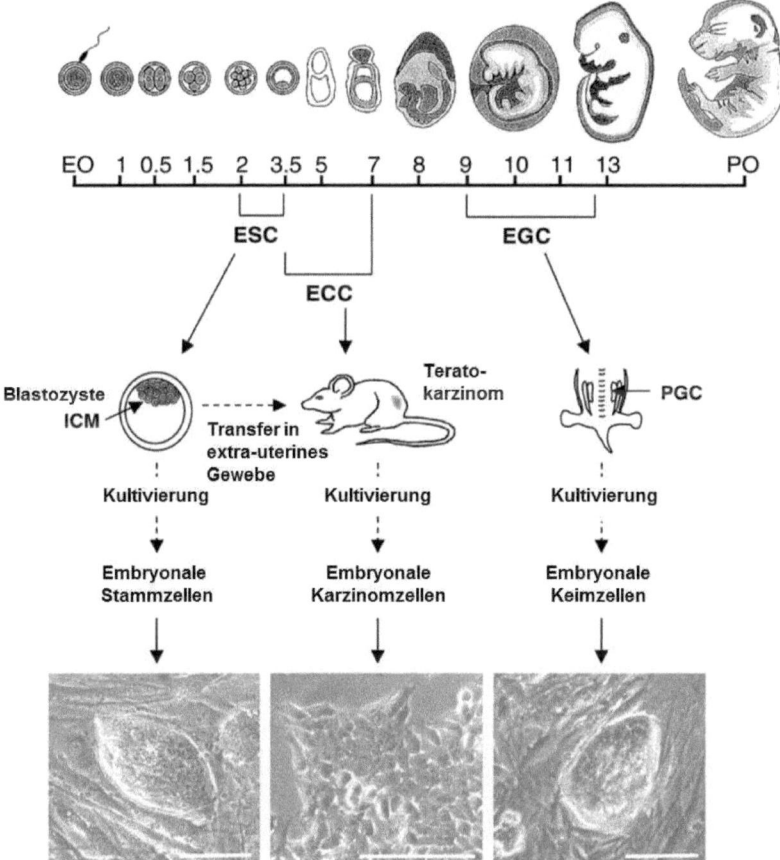

Abbildung 3: Schema zur Gewinnung von embryonalen Stammzellen - Das Schema (modifiziert nach Wobus und Boheler) zeigt, zu welchen Zeitpunkten und aus welchen Zellen die jeweiligen embryonalen Stammzelllinien gewonnen werden. ESC=Embryonale Stammzellen; ECC=Embryonale Karzinomzellen; EGC=Embryonale Keimzellen; PGC=Primordiale Keimzellen; ICM=Innere Zellmasse (Wobus und Boheler 2005).

1.3.2 In vitro-Differenzierung embryonaler Stammzellen in Embryoid Bodies (EB)

Die Differenzierung von *ES-Zellen* erfolgt in dreidimensionalen Gebilden, den sogenannten *Embryoid Bodies* (EBs), sobald die differenzierungshemmenden Faktoren wie LIF oder die Co-Kultur mit *feeder layer* entfernt wurden. Die EB-Bildung erfolgt in hängenden Tropfen, wobei die Schwerkraft dazu führt, dass die ES- oder EC-Zellen in der „Spitze" des Tropfens aggregieren und ein kugeliges 3-D Gebilde entsteht (Abbildung 4). Sobald die Differenzierung begonnen hat, bilden sich spontan primäre Keimblätter. Zunächst beginnt sich die äußere Schicht zu Endoderm-ähnlichen Zellen zu differenzieren, gefolgt von der Bildung eines ektodermalen Rings ein paar Tage später, und der sich daran anschließenden Spezifizierung in mesodermale Zellen (Leahy et al., 1999; Rohwedel et al., 2001). Ein Transfer der EBs auf Zellkulturschalen führt dann zu einer Anheftung und weiteren Differenzierung der Zellen. Die gezielte Differenzierung in bestimmte Linien erfolgt nach standardisierten Protokollen.

Es konnten mittlerweile ein Reihe von Zelltypen aus embryonalen Stammzellen gewonnen werden, so z.B. Adipozyten (Dani et al., 1997), Kardiomyozyten (Skerjanc, 1999), Chondrozyten (Kramer et al., 2000), neuronale Zellen (Yao et al. 1995), hämatopoetische Zellen (Wiles et al. 1991), und Endothelzellen (Risau et al., 1988). Die Expression zeitlich spezifischer und gewebespezifischer Gene und Proteine während der Differenzierung von ES-Zellabkömmlingen zeigen, dass frühe Prozesse der *in vivo*-Entwicklung von Ekto- , Ento- , und Mesoderm *in vitro* rekapituliert werden. Sowohl die Art als auch die Effizienz der Differenzierung hängt von verschiedenen Parametern ab: (1) Zelldichte; (2) Medium-Komponenten (z.B. Glukose-Konzentration); (3) Aminosäuren; (4) Wachstumsfaktoren und extrazelluläre Matrix-Proteine; (5) pH-Wert; (6) Qualität des fetalen Kälberserums (FKS) (Wobus et al., 2005).

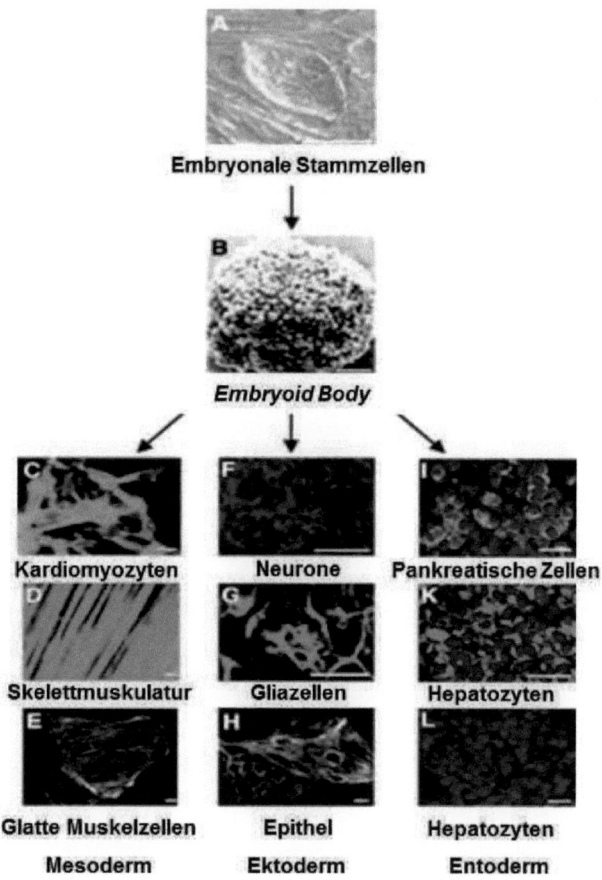

Abbildung 4: Schematische Darstellung der Differenzierung eines *Embryoid Bodies* in verschiedene Zelltypen - ES und EC Zellen können in einem „hängenden Tropfen" aggregieren und *Embryoid Bodies* bilden. Anschließend können die pluripotenten Stammzellen in Derivate aller drei Keimblätter differenzieren (Wobus und Boheler 2005).

1.3.3 Murine embryonale P19-Karzinomzellen als *in vitro*-Model für kardiomyogene Differenzierung

Die P19-EC-Zellen entstammen einem Teratokarzinom, welches durch den Transfer eines 7.5 Tage alten Embryos aus einem C3H/He Weibchen in den Testes eines C3H/He Männchens entstanden ist (McBurney et al., 1982). Nach den ersten Kulturexperimenten konnte recht früh gezeigt werden, dass eine Kombination aus 3D-Aggregation und bestimmten Substanzen Derivate aller drei Keimblätter hervorbrachten. Relativ hohe Konzentrationen von Retinsäure führten zu einer Differenzierung in neuronale- und Gliazellen (Jones-Villeneuve et al., 1982), während 0.5 - 1 % Dimethylsulfoxid (DMSO) zu einer Differenzierung in mononukleäre Kardiomyzyten sowie multinukleäre Seklettmuskelzellen führte (McBurney et al., 1982; Edwards et al., 1983). Morley und Kollegen konnten zeigen, dass DMSO zu einer Erhöhung des intrazellulären Ca^{2+}-Spiegels führte, welcher *downstream* Signale auslöst, die für die Entwicklung von Kardiomyozyten entscheidend sind (Morley und Whitfield, 1993). Die P19-ECC zeichnet der sehr gut unter dem Mikroskop sichtbare Endpunkt der Differenzierung, das Schlagen der Kardiomyozyten, aus.

1.3.4 Murine C3H10T1/2-Zellen als Modell der frühen Adipogenese

In den 1960er Jahren entdeckten Friedenstein und Kollegen, dass Knochenmark eine Quelle adulter Stammzellen ist, welche sich in

Gewebe mesenchymalen Ursprungs differenzieren können (Friedenstein et al., 1966). Mesenchymale Stammzellen sind multipotente Stammzellen, welche verschiedene Herkunftsorte (Knochenmark, Nabelschnur, Fruchtwasser, Plazenta, Fettgewebe, Muskel) haben und in verschiedene Zelltypen (Adipozyten, Chondrozyten und Osteoblasten) differenzieren können. Aufgrund dieser hohen Heterogenität wurden von der *„International Society for Cellular Therapy"* drei Standards festgelegt, welche eine MSC auszeichnen: (i) die Zellen wachsen adhärent auf Plastik; (ii) die Zellen besitzen spezifische Oberflächenmarker, welche durchflusszytometrisch nachgewiesen werden können; (iii) die Zellen müssen in Adipozyten, Chondrozyten und Osteoblasten differenzieren können (Dominici et al., 2006). Die Differenzierung der MSC in die verschiedenen Zelltypen geschieht bis zu einem gewissen Grad spontan. Für höhere Differenzierungseffizienzen in die ein oder andere Linie gibt es spezielle Protokolle, in welchen Substanzen wie BMP-4, BMP-2, Insulin u.ä. eingesetzt werden (Yoon et al., 2011; Tang et al., 2004; Takarada-Iemata et al., 2010).

Die multipotente Zelllinie C3H10T1/2 wurde 1973 aus dem Mesenchym 14 – 17 Tage alter C3H Mausembryonen gewonnen (Reznikoff et al., 1973). Die Morphologie der C3H10T1/2 Zellen ist Fibroblasten-ähnlich und sie lassen sich funktionell den MSC zuordnen. Die genaue Zuordnung ist allerdings schwierig und von Publikation zu Publikation verschieden. Das Differenzierungspotential ist dem der MSC gleich. Sie differenzieren im Monolayer spontan in Adipozyten, Chondrozyten und Osteoblasten. Die Effizienzen der Differenzierung lassen sich mit verschiedenen Protokollen durch Faktoren wie BMP-2/4, Insulin,

Dexamethason etc. erhöhen. Bisher sind vor allem die Differenzierung in Adipozyten (Tang et al., 2004; Huang et al., 2010; Takarada-Iemata et al., 2010) und in Osteoblasten (Yonezawa et al., 2011; Yoon et al., 2011) beschrieben. Die vorliegende Arbeit beschäftigt sich mit der adipogenen Differenzierung bei Exposition mit DEHP und PCB. Der Fokus bisheriger Arbeiten lag vor allem auf der Wirkung verschiedener Hormone (Ghrelin) und Lebensmittelbestandteile (Glutamat, Genistein sowie Pharmaka (Thiazolidine)) auf die Adipogenese (Jung et al., 2011; Kim et al., 2009; Takarada-Iemata et al., 2010; Paulik et al., 1997), mit dem Ziel therapeutische Mittel gegen Adipositas zu finden oder „Dickmacher" (Obesogene) aufzuspüren. Die Analyse von EDCs und ihrem Einfluss auf die Adipogenese war, bis auf wenige Publikationen mit TCDD (Liu et al., 2006; Ikegwuonu et al., 1999; Cimafranca et al., 2004), und einer Publikation mit DEHP, BPA und TBT (Biemann et al., 2012), in diesem Modell bisher kaum Gegenstand der Forschung.

1.3.5 Embryonale Stammzellmodelle als reproduktionstoxische Testsysteme

Embryonale Stammzellmodelle bieten als reproduktionstoxische Testsysteme die Möglichkeit, toxische Effekte auf embryonale und gleichzeitig von diesen abgeleitete adulte Zellen zu untersuchen (Abbildung 5). Seit Juni 2011 gibt es einen validierten *„embryonic stem cell test"* (EST), welcher als *in vitro*-Modell zur Untersuchung von embryotoxischen Substanzen dient. Drei Endpunkte werden in diesem Test betrachtet: (i) Inhibierung der Differenzierung in schlagende Kardiomyozyten; cytotoxische Effekte in (ii) Stammzellen und (iii) 3T3 Fibroblasten (Seiler et al., 2011). Das Schlagen der Kardiomyozyten als Endpunkt der Differenzierung zeichnet die P19-ECC aus. Allein dieser optische Parameter kann bereits eine Verzögerung oder Störung der Differenzierung durch bestimmte Substanzen anzeigen. Durch die sehr gute Charakterisierung der P19-ECC auf molekularer Ebene können auch Effekte auf bestimmte Transportsysteme oder Stoffwechselwege analysiert werden. So konnte unter anderem gezeigt werden, das TCDD die Expression verschiedener Glukosetransporter in differenzierten P19-Zellen hemmt und zudem einen negativen Einfluss auf die kardiomyogene Differenzierung hat (Tonack et al., 2007a).

Im C3H10T1/2 Zellmodell ist der Endpunkt der Differenzierung gekennzeichnet durch die Bildung von Adipozyten, welche mikroskopisch durch große Fettvesikel imponieren. Eine Behandlung dieser Zellen mit Substanzen, deren Einfluss auf die Adipogenese untersucht werden soll, kann sich in einer Erhöhung oder Erniedrigung der Anzahl von Fettzellen oder dem Triglyzerid-Gehalt äußern. Beide Parameter sind z.B. mittels FACS (Schaedlich et al., 2010) oder Triglyzerid-Assay quantifizierbar.

Biemann und Mitarbeiter konnten anhand dieses Modells zeigen, dass DEHP und Tributylzinn (TBT) die Adipogenese erhöhen (Biemann et al., 2012).

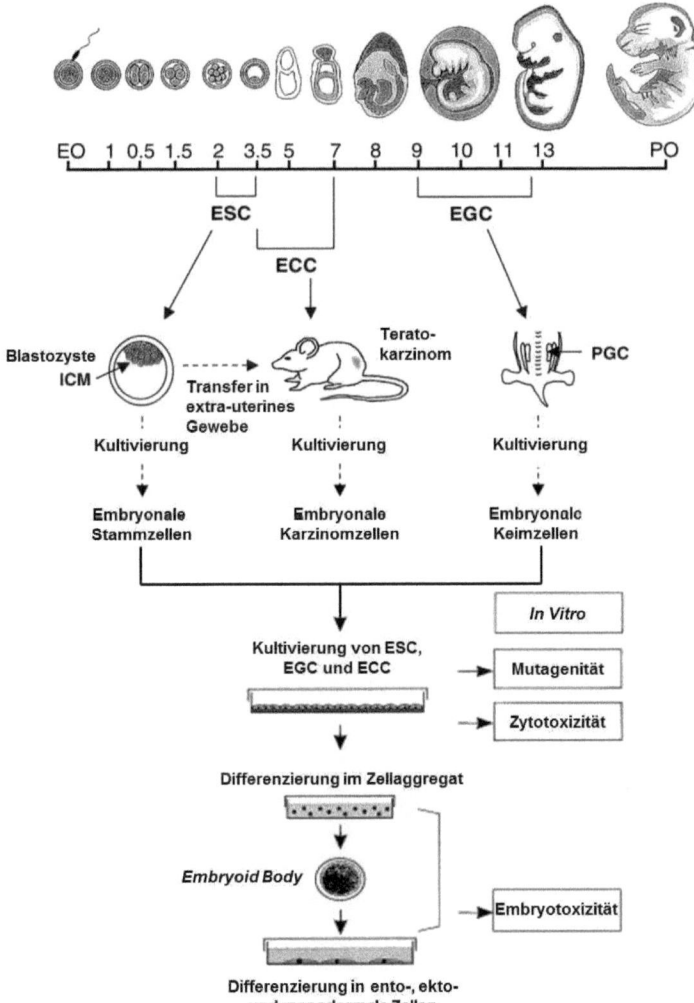

Abbildung 5: Schematische Darstellung der Einsatzmöglichkeiten von embryonalen Stammzellen als Testsysteme z.B. für EDC oder Pharmaka - Embryonale Stammzellen sind sehr gute Modelle für die Embryonalentwicklung und können somit als Testsysteme für verschiedene Substanzen genutzt werden, um deren Reproduktions-bzw. Embryotoxizität zu untersuchen. Modifizierte Abbildung nach Wobus et al. und Rohwedel et al.; ESC=Embryonale Stammzellen; ECC=Embryonale Karzinomzellen; EGC=Embryonale Keimzellen; PGC=Primordiale Keimzellen; ICM=Innere Zellmasse (Rohwedel et al., 2001; Wobus und Boheler, 2005).

1.4 Untersuchte molekulare Marker im P19-ECC Stammzellmodell

1.4.1 Peroxisom-Proliferator-aktivierte Rezeptoren (PPAR) und ihre *Downstream*-Ziele

PPARs sind intrazelluläre Rezeptoren, die über einen physiologischen (Fettsäuren und Steroide) oder pharmakologischen (Glitazone, Herbizide, Phthalate etc.) Liganden aktiviert werden und als Transkriptionsfaktoren in einem Heterodimer mit RXR (Retinoid-X-Rezeptor) die Expression einer Vielzahl von Genen regulieren. Sie gehören zur Gruppe der Kernrezeptoren. Es konnten bisher drei PPAR-Subtypen (α, β/δ, γ) identifiziert werden, wobei jeder Subtyp seinen eigenen Dimerisierungspartner (RXR) besitzt. Diese Trennung ist allerdings nicht sehr strikt, theoretisch können alle PPARs mit allen RXRs aktive Heterodimere bilden (Paterniti, 1997). Die PPAR/RXR Dimere binden an PPAR-responsive elements (PRE) der entsprechenden Zielgene. Die PPARs unterscheiden sich nicht nur in ihrer lokalen Expression, sondern vor allem auch hinsichtlich ihres Genexpressionsmusters und der biologischen Funktion der Gene, deren Transkription durch sie beeinflusst wird.

PPARα wird in hohem Maße in Leber, Niere, Darm und Herz exprimiert. PPARα wirkt als „Lipostat" der Zelle, indem es auf Veränderungen im zellulären Lipidhaushalt mit einer Regulation der Transkription bestimmter Zielgene des Fettstoffwechsels reagiert. Diese Regulation bewirkt unter anderem eine Reduktion der zirkulierenden Triglyceride, die Synthese von ApoA1, eine Steigerung der Aufnahme freier Fettsäuren, eine Erhöhung der Fettsäureoxidation und eine HDL-Erhöhung bei gleichzeitiger

Reduktion der LDL-Konzentration (Berger und Moller, 2002; Balakumar et al., 2007; Staels und Fruchart 2005; Tenenbaum et al., 2005).

PPARβ (auch bezeichnet als PPARδ) ist in nahezu allen Geweben des menschlichen Organismus nachweisbar. Der β/δ-Rezeptor reguliert in erster Linie die Expression von Genen mit Wirkung auf den Fettstoffwechsel. Darüber hinaus besitzt PPARβ/δ zentrale Funktionen in der Zellproliferation. In Versuchen an adipösen Tieren bewirkte die Aktivierung von PPARβ/δ eine Verbesserung verschiedener metabolischer Parameter sowie eine Reduktion des Körpergewichts (Balakumar et al., 2007; Michalik et al., 2006; Berger und Moller, 2002; Staels und Fruchart 2005; Tenenbaum et al., 2005)

PPARγ wird ubiquitär exprimiert, hat aber eine besondere Rolle im Fettstoffwechsel. Die Stimulierung von PPARγ bewirkt eine Aktivierung des Glukose-und Fettstoffwechsels. Weiterhin steigert die Aktivierung des PPARγ-Rezeptors die Aufnahme freier Fettsäuren und wirkt auf die Differenzierung von Adipozyten und Makrophagen. Darüber hinaus hat die Aktivierung von PPARγ antiinflammatorische Effekte. Auch konnte eine Assoziation zwischen der Aktivierung des PPARγ-Rezeptors und einer Reduktion des Atheriosklerose-Risikos gezeigt werden (Balakumar et al., 2007; Tenenbaum et al., 2005).

In der vorliegenden Arbeit wird die Transkriptmenge von Ppara und Pparg nach DEHP und/oder PCB-Exposition untersucht. Eine Aktivierung der PPARs könnte zum einen direkt erfolgen, wie dies für DEHP/MEHP bereits gezeigt werden konnte (Casals-Casas et al., 2008; Feige et al., 2010; Feige et al., 2007b), aber vor allem im Fall von PCB möglicherweise auch über indirekte Mechanismen. Eine Aktivierung der PPARs müsste sich in der Expressionsregulation ihrer Downstream-Gene Fabp4 (*Fatty Acid Binding Protein* 4) (Furukawa et al. 2011) und Slc2a4 (Glukose-Transporter 4) (Furukawa et al., 2011; Yao et al., 2012) wiederspiegeln (Abbildung 6).

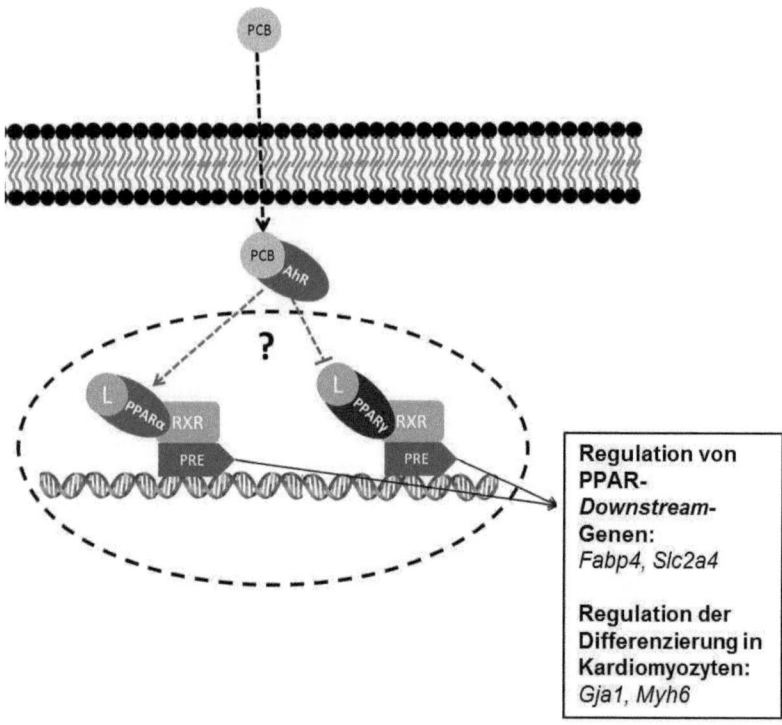

Abbildung 6: Schema der 1. Arbeitshypothese zum Wirkmechanismus von DEHP und PCB - Das Schema zeigt zwei mögliche Wege (direkt und indirekt), über welche die PPARs durch DEHP und/oder PCB aktiviert werden können. Eine Aktivierung über einen dieser beiden Wege hätte eine Regulation der Transkriptmenge der Downstream-Gene Fabp4 und Slc2a4 zur Folge. Mögliche Effekte auf die kardiomyogene Differenzierung könnten sich in der Transkriptmenge von Myh6 und Gja1 wiederspiegeln.

Fatty acid binding-Proteine (FABP1-9, MP2) gehören zu einer hoch konservierten Familie von zytosolischen Proteinen, welche eine molekulare Masse von 14-15 kDa aufweisen und in verschiedenen Zelltypen zu finden sind. Sie zeigen eine hohe Affinität für langkettige Fettsäuren und andere hydrophobe Liganden. FABP4 wird sehr stark im Fettgewebe exprimiert (1 % des Gesamtproteins), weshalb es synonym auch als *adipocyte protein* (AP2) bezeichnet wird. Neben der starken Expression im Fettgewebe, findet man FABP4 auch in anderen Geweben, wie z.b. im Herzen, dem Thymus und im Sekelettmuskel. FABPs sind für den intrazellulären Transfer von Fettsäuren und anderen Lipid-Signalen zwischen der Zellmembran und den intrazellulären Membranen verantwortlich (Vogel Hertzel et al., 2000). Dieser Transfer kann z.b. zu den Fettvesikeln der Zelle erfolgen, aber auch zu Transkriptionsfaktoren wie den PPARs. In letzterem Fall dienen die gebundenen Fettsäuren als Liganden der PPARs und aktivieren somit die Transkription von PPAR-Zielgenen (Tan et al., 2002; Weisiger, 2002). Neuste Untersuchungen ergaben, dass FABP4 eine wichtige Verbindung zwischen Adipositas, Typ II Diabetes und koronaren Herzerkrankungen darstellt. Es konnte nachgewiesen werden, dass Menschen mit einer funktionalen genetischen Variante von FABP4, welche zu einer verringerten Expression von FABP4 im Fettgewebe führt, hatten niedrigere Triglycerid-Gehalte im Blut und ein signifikant niedrigeres Risiko Typ II Diabetes und Kardiovaskulären Erkrankungen zu entwickeln (Tuncman et al., 2006).

Der Glukose-Transporter 4 (GLUT4) ist für die insulinstimulierte Aufnahme von Glukose aus dem Blut in die Zelle verantwortlich.

GLUT4 wird vor allem im Skelett-und Herzmuskel sowie im Fettgewebe exprimiert, wobei in diesen Geweben auch weitere Isoformen der GLUTs vorkommen. Im Skelettmuskel sorgen neben GLUT4 auch GLUT1, 5 und 12 für den Transport von Hexosen (Stuart et al., 2006). GLUT4 liegt im unstimulierten Zustand intrazellulär vor und wird nach einem Insulin-Stimulus in Vesikeln verpackt, zur Membran transportiert (Czech et al., 1999).

1.4.2 Markergene für die kardiomyogene Differenzierung von P19-ECC (Gja1 und Myh6)

Um den Einfluss von DEHP und/oder PCB auf die Differenzierung embryonaler Zellen zu untersuchen, wird in P19-ECC die Transkriptmenge der beiden herzspezifischen Markergene Gja1 (Connexin 43) und Myh6 (Myosin, Heavy Chain 6, Cardiac Muscle, Alpha) analysiert (Abbildung 6).

Die Connexine sind eine Familie von Transmembranproteinen, die in Zellen sogenannte *Gap Junctions* bilden und den direkten Austausch von Molekülen (Metabolite, Ionen, *sond messenger*, Wasser und elektrische Impulse) bis zu einer Größe von ca. 1 kDa zwischen benachbarten Zellen ermöglichen. Bisher sind 21 verschiedene Connexine beim Menschen und 20 Connexine in der Maus bekannt. Ihre Größe variiert zwischen 23 kDa und 62 kDa. Jeweils sechs Connexine lagern sich in der Membran zu einem Connexon, das eine Pore umschließt, zusammen. Jeweils zwei Connexone zweier benachbarter Membranen bilden einen *Gap Junction*-Kanal. Connexin 43 kommt in fast allen Geweben und Zelltypen vor, wobei es im Herzen das Haupt-Connexin darstellt. Es ist dort für die elektrische Kopplung der Kardiomyozyten verantwortlich. Auch während der Embryonalentwicklung ist Connexin 43 von großer Bedeutung, da es den Austausch wichtiger Signalmoleküle ermöglicht und für die Rekrutierung und die Assemblierung weiterer Zelladhäsionsmoleküle verantwortlich ist.

Myosin bezeichnet eine Familie von Motorproteinen in eukaryotischen Zellen. Es ist ein wesentlicher Bestandteil des Sarkomers, dem kontraktionsfähigen Abschnitt der Myofibrillen im Skelett- und herzmuskel. In Muskelfasern vorkommendes Myosin gehört mit einigen anderen Nicht-Muskel-Myosinen zur Klasse II, welche auch als konventionelle Myosine bezeichnet werden. Alle anderen Klassen werden als unkonventionelle Myosine bezeichnet. Myosin ist in Kooperation mit anderen Motorproteinen wie Kinesin und Dynein wesentlich am intrazellulären Transport von Makromolekülen, Vesikeln und Zellorganellen beteiligt. Im Gegensatz zu Kinesin und Dynein bewegt sich Myosin entlang von Aktinfilamenten.

Das Myosin-II-Molekül liegt als Dimer vor, welches aus insgesamt 6 Untereinheiten (Hexamer) aufgebaut ist: (1.) zwei schweren Ketten (z.B. MYH6) sowie (2.) vier leichten Ketten. Den schweren Ketten aller Myosine gemein ist eine konservierte Kopfdomäne, die die katalytischen ATPase-Eigenschaften vereinigt und deshalb auch Motordomäne genannt wird. An diese schließt sich die Halsregion an, welche eine unterschiedliche Anzahl von Bindedomänen für leichte Ketten (z.B. Calmodulin) enthalten kann. Die Schwanzregion der konventionellen Myosine der Klasse II sind in der Lage, Filamente zu bilden, wodurch die Myosin-Fasern entstehen, welche wiederum Bestandteil des Sarkomers sind. In der Embryogenese des Herzens sowie im adulten Herzen gibt es zwei verschiedene Isoformen der *heavy chains,* α-MHC und β-MHC, welche entwicklungs- und ortsspezifisch exprimiert werden. Im Menschen ist β-MHC die vorherrschende Isoform der ventrikulären Kardiomyozyten, während α-MHC vor allem in atrialen Kardiomyozyten exprimiert wird (Everett, 1986; Kurabayashi et al., 1988).

1.4.3 Der Arylhydrocarbon-Rezeptor (AhR)-Signalweg und sein *Crosstalk* mit den PPARs

Das PCB-Kongeneren-Gemisch enthält das co-planare dioxinähnliche PCB 118, welches aufgrund seiner chemischen Eigenschaften einen potentiellen Liganden des Ah-Rezeptors darstellt (Rom und Markowitz, 2006). Das bestuntersuchte Zielgen des Ah-Rezeptors ist das Cytochrom P450 1A1, welches zur Superfamilie der Cytochrom P450 Enzyme gehört (Smith et al., 1998). Cyp1A1 ist ein Enzym der Phase I im Xenobiotika-Metabolismus. Es wird durch aromatische Kohlenwasserstoffe aktiviert und wandelt diese in Epoxide um (Beresford, 1993; Uno et al., 2004). Die Cyp1a1-Expression wird durch den Ligand-aktivierten Komplex aus Ah-Rezeptor und dem Aryl Hydrocarbon Receptor Nuclear Translocator (ARNT) angeschaltet (Ma and Lu, 2007). Der Ah-Rezeptor ist evolutionär gesehen ein sehr alter und ubiquitär verbreiteter Rezeptor vom Helix-Loop-Helix Typ. Sein physiologischer Ligand ist unbekannt, jedoch bindet Dioxin (TCDD) als potentester exogener Ligand (Rom und Markowitz, 2006). Der Ah-Rezeptor liegt normalerweise inaktiv im Zytoplasma, gebunden an verschiedene Co-Faktoren, vor. Nach Liganden-Bindung dissoziiert der AhR aus diesem Komplex und transloziert in den Kern. Dort dimerisiert er mit ARNT und reguliert die Expression verschiedener Zielgene, wie die des Cytochroms P450, indem er an das *Xenobiotic Responsive Element* (XRE-Element) bindet (Reyes et al., 1992).

Um eine mögliche Beeinflussung des AhR-Signalweges durch PCB-Exposition zu analysieren, wird die Transkriptmenge von Cyp1a1 gemessen. Eine mögliche Beeinflussung der kardiomyogenen Differenzierung wird durch die Messung der Transkriptmenge von Myh6 und Gja1 untersucht (Abbildung 7). Eine Regulation von Myh6 durch den AhR wird vermutet (Borlak und Thum, 2002a).

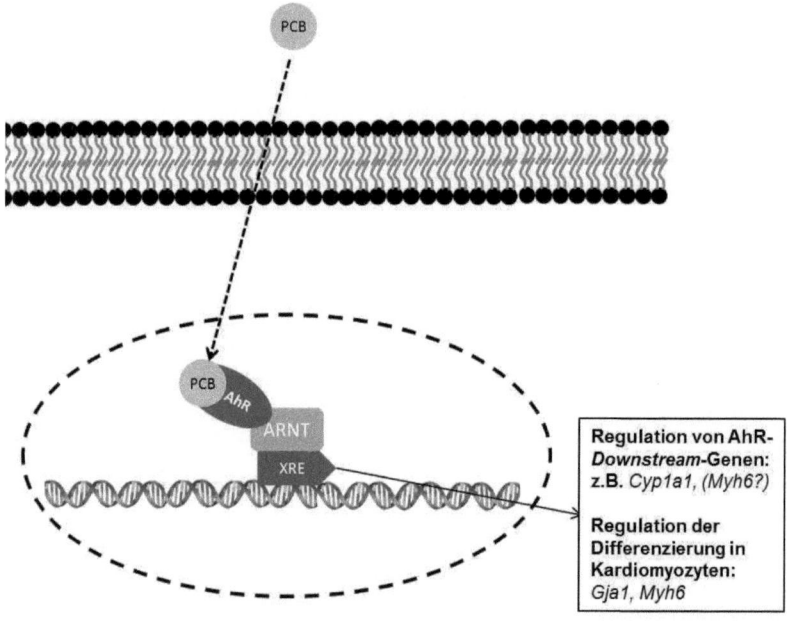

Abbildung 7: Schema der 2. Arbeitshypothese zum Wirkmechanismus von PCB - Das Schema zeigt eine mögliche Aktivierung des AhR-Signalweges durch PCB. Eine Aktivierung dieses Signalweges hätte eine Regulation der Transkriptmenge des Downstream-Gens Cyp1a1 zur Folge. Mögliche Effekte auf die kardiomyogene Differenzierung könnten sich in der Transkriptmenge von Myh6 und Gja1 wiederspiegeln.

Neben der direkten Wirkung des AhR auf die Expression verschiedener Zielgene ist ein Crosstalk zwischen AhR und den PPARs eine weitere Option der Wirkweise von PCB. Shaban und Mitarbeiter zeigten eine AhR-abhängige Inhibierung von Ppara, während Arsenescu und Mitarbeiter eine Aktivierung von Pparg durch den AhR fanden (Shaban et al., 2004; Arsenescu et al., 2008). Demnach ergibt sich für die vorliegende Arbeit eine dritte Arbeitshypothese, welche in Abbildung 8 dargestellt ist.

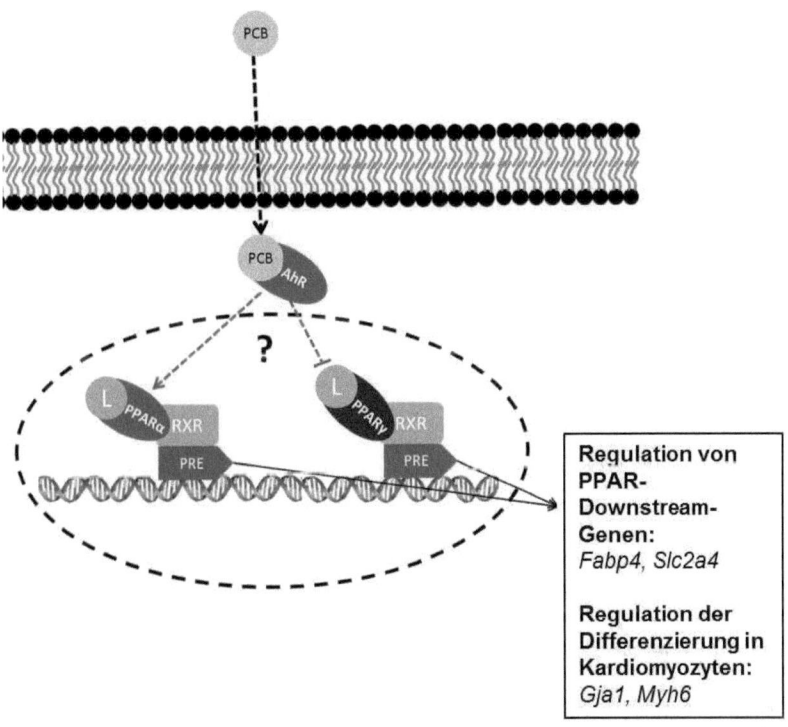

Abbildung 8: Schema der 3. Arbeitshypothese zum Wirkmechanismus von PCB - Das Schema zeigt eine mögliche Aktivierung/Inhibierung des PPAR-Signalweges über den AhR-Signalweg durch PCB. Ein *Crosstalk* dieser beiden Signalwege hätte eine Regulation der Transkriptmenge der PPAR-*Downstream*-Gene (Fabp4 und Slc2a4) sowie des AhR-*Downstream*-Gens Cyp1a1 zur Folge. Mögliche Effekte auf die kardiomyogene Differenzierung könnten sich in der Transkriptmenge von Myh6 und Gja1 wiederspiegeln.

1.4.4 Apoptose-Markergene Caspase 3 und Bax

Um zu untersuchen, ob differenzierte Zellen z.B. durch erhöhte Stressfaktoren Apoptose einleiten, wird die Transkriptmenge der Apoptose-Markergene Caspase 3 und Bax gemessen.

Caspasen (Gen-Name: Casp3, Protein-Name: CASP3) sind eine Gruppe von Proteasen mit einem Cystein im aktiven Zentrum (Cysteinproteasen). Sie spalten Peptidbindungen C-terminal von Aspartat, woraus sich auch ihr Name ableitet: *Cysteinyl-aspartate specific protease.* Caspasen sind die wichtigsten Enzyme des programmierten Zelltods (Apoptose). Sie sind damit essentiell für die korrekte Entwicklung eines Lebewesens, aber auch für die Antwort einer Zelle auf schwere Beschädigung und Stress (z. B. ROS), oder Infektion durch Viren. Zum Auslösen des Zelltods werden Initiator- oder *Upstream*-Caspasen (z. B. Caspase-8 und 9) aktiviert. Diese wiederum aktivieren durch proteolytische Spaltung eines Linker-Proteins die Vorläufer-Form nachgeschalteter Effektor- oder *Downstream*-Caspasen (z.B. Caspase 3, 7 und 6). Die *Downstream*-Caspase 3 aktiviert eine **C**aspase-**a**ktivierte **D**Nase (CAD) durch Spaltung von ICAD (Inhibitor von CAD), die im Rahmen der Apoptose die nukleäre DNA fragmentiert. Außerdem spalten *Downstream*-Caspasen zelleigene Zytoskelett-Proteine und nukleäre Proteine wie Aktin und Lamin. Beim Menschen existieren 13 verschiedene Caspasen, die in drei Gruppen eingeteilt werden: Proinflammatorische Caspasen, Initiator-Caspasen und Effektor-Caspasen (Pop und Salvesen, 2009).

Der zweite untersuchte Apoptosemarker ist das *Bcl-2–associated X* Protein (Gen-Name: Bax; Protein-Name: BAX). Mitglieder der Bcl2-Familie gehören sowohl zu den pro-apoptotischen als auch zu den anti-apoptotischen Proteinen. Bax ist pro-apoptotisch. Sobald es aktiviert wird (z.B. über p53), gelangt es zur Mitochondrien-Membran und bildet dort eine oligimere Pore (MAC=**M**itochondrial **A**poptosis-Induced **C**hannel), welche Cytochrom C freisetzt (Dejean et al., 2005; Dejean et al., 2006). Cytochrom C wiederum bindet an den *Apoptotic Protease Activating Factor-1* (APAF1), welcher die *Upstream*-Caspase 9 rekrutiert. Caspase 9 wiederum proteolysiert und aktiviert Caspase 3.

1.4.5 Untersuchung epigenetischer Mechanismen

Um den Einfluss von DEHP und/oder PCB auf die epigenetische Modifikation differenzierender embryonaler Zellen durch CpG-Methylierung und Histon-Acetylierung zu untersuchen, wird die Transkriptmenge spezifischer Methylierungs-Markergene gemessen, deren Funktion im Folgenden erläutert wird.

1.4.6 DNA-Methyltransferasen 1, 3a und 3b

DNA-Methylierung ist einer der wichtigsten Mechanismen in der Reihe der möglichen epigenetischen Modifikationen der DNA. Die Methylierung der DNA findet in so genannten CpG Inseln, einer Anhäufung von CpGs (>200) in der DNA Sequenz, statt. Das grundlegende Methylierungsmuster der DNA ist bimodal, das bedeutet, dass alle CpGs im Genom methyliert vorliegen, außer die CpGs in CpG Inseln.

Die DNA wird im frühen Embryo zunächst komplett de-methyliert und kurz vor der Implantation re-methyliert. Dieses Zeitfenster ist eine sehr sensible Phase, da zu diesem Zeitpunkt die Modulation der Genaktivität durch Methylierung stattfindet (Kafri et al. 1992; Monk et al. 1987). Den Prozess der Re-Methylierung nennt man *de novo* Methylierung. Diese findet durch die Aktivität eines Komplexes aus DNMT3a, 3b und 3L statt, wobei DNMT3L selbst keine Methyltransferase-Aktivität besitzt.

Die Aufrechterhaltung des Methylierungsmusters nach der *de novo* Methylierung übernimmt die DNMT1, welche direkt mit dem Replikations-Komplex assoziiert ist (Leonhardt et al., 1992). Gene, welche eine CpG-reiche Region in Ihrem Promotor aufweisen, sind über Methylierung dieser CpGs regulierbar. Meistens blockiert eine hypermethylierte *upstream* DNA den Zugang transkriptionsaktiver Faktoren und Enzyme, wodurch die Genaktivität des nachfolgenden Gens supprimiert wird. Das bedeutet, dass eine Methylierung dieser Region zu einem „*silencing*" des betroffenen Gens führen kann. Dies geschieht z.T. in der Entwicklung gezielt, z.B. bei der Inaktivierung des X-Chromosoms (Lock et al., 1987), jedoch kann es auch durch störende Einflüsse (z.B. EDCs) zu einer Methylierung bestimmter Gene kommen (Desaulniers et al., 2009), was je nach Art und Bedeutung des Gens zu unterschiedlichen phänotypischen Erscheinungen führen kann. Eine Methylierung von Tumor-Supressorgenen kann z.B. zur Tumorgenese führen.

1.4.7 Histon-Deacetylase 1

Histon-Deacetylasen (HDACs) sind Enzyme, welche Histone modifizieren. Sie regulieren damit nicht nur direkt die Transkription und die epigenetische Repression, sondern sind auch an der Kontrolle des Zellzyklus und der Entwicklung des Organismus beteiligt. Eine explizite Rolle in der kardialen Morphogenese konnten Montgomery und Kollegen zeigen (Montgomery et al., 2007). Histon-Deacetylasen kommen in allen Lebewesen und beim Menschen in allen Gewebetypen vor. Die Aufgabe von HDACs ist das Entfernen von Acetylgruppen von acetyliertem Lysin auf dem N-terminalen Histonende. Durch die Deacetylierung bekommt die Aminosäure Lysin eine positive elektrische Ladung. Dies erhöht die Affinität des Histonendes für das negativ geladene Phosphat-Gerüst der DNA. Durch die folgende Bildung eines DNA-Histonkomplexes wird die DNA-Transkription herunterreguliert. Dies geht meist mit der Bildung von inaktivem Heterochromatin einher.

Es gibt vier Klassen von Histon-Deacetylasen, welche nach ihren Sequenzhomologien eingeteilt werden, wobei HDAC1 zusammen mit HDAC2, 3 und HDAC8-*like genes* zur Klasse I gezählt wird (Gregoretti et al., 2004). Der Gegenspieler der HDACs sind die Histon-Acetyltranferasen (HAT). Eine Fehlregulation der HDAC1 kann wie auch im Falle der DNMTs zu verschiedenen Störungen und Krankheitsbildern, vor allem zu Tumorerkrankungen führen (Sudo et al., 2011).

1.5 Zielstellung der Arbeit

In der vorliegenden Arbeit wurde der Einfluss der Umweltkontaminanten Di(2-ethylhexyl)phthalat (DEHP) und polychlorierter Biphenyle (PCB) auf die Differenzierung embryonaler Zellen untersucht.

Diese Untersuchungen wurden im Rahmen eines von der EU geförderten Projektes mit dem Kurznamen REEF (*Reproductive Effects of Environmental chemicals in Females; FP/2007-2013 under grant agreement no. 212885*) durchgeführt. Die *in vivo* Studien erfolgten in der Maus (Stamm: C3H/N), die *in vitro*-Studien mithilfe zweier muriner Stammzellmodelle (P19-ECC und C3H10T1/2).

Stammzellmodelle bieten die Möglichkeit ohne Einschränkungen an verfügbarem Material Mechanismen zu studieren. In dieser Arbeit werden die murine embryonale Karzinomzelllinie P19 (P19-ECC, Differenzierung in Kardiomyozyten) sowie die murine embryonale Stammzelllinie C3H10T1/2 (Differenzierung in Adipozyten) verwendet.

Der Fokus der vorliegenden Arbeit liegt auf der Analyse von Veränderungen durch eine DEHP- und/oder PCB-Exposition während der Differenzierung embryonaler Stammzellen. Ausgewertet wurde (1) die Differenzierung der embryonalen Stammzellen zu Kardiomyozyten oder Adipozyten und (2) die Veränderungen im Glukose-und Fettstoffwechsel.

Die P19-ECC wurden während der ersten 4 Tage des undifferenzierten Stadiums mit DEHP, PCB oder deren Gemisch (DEHP+PCB) inkubiert und anschließend zu Kardiomyozyten differenziert. Folgende Fragen sollen beantwortet werden:

- Beeinflussen DEHP, PCB und DEHP+PCB die kardiomyogene Differenzierung und den Metabolismus der Zellen?

- Wenn ja, geschieht diese Beeinflussung über den PPAR- oder AhR-Signalweg?
- Gibt es eine Beeinträchtigung der Funktionalität der differenzierten Kardiomyozyten nach Exposition mit DEHP, PCB und DEHP+PCB?

Diese Fragen wurden anhand der Expression der PPARs (Ppara/g) selbst sowie derer *Downstream* Gene (Slc2a4, Fabp4) analysiert. Der AhR-Signalweg wurde mittels Cyp1a1-Expression charakterisisert. Die Differenzierung in Kardiomyozyten wurde mithilfe der Transkriptmenge der kardialen Markergene Myh6 und Gja1 untersucht. Effekte auf die Funktionalität bzw. die Schlagfrequenz der Kardiomyozyten wurden mittels eines *Microelectrode-Arrays* (MEA) gemessen.

Die Fragestellung der vorliegenden Arbeit steht im direkten Bezug zur „*Developmental Origins of Health and Disease*"-Hypothese (DOHaD-Hypothese) deren mögliche molekulare Ursache epigenetischer Veränderungen sind. Deshalb wurde gefragt:

- Führt eine Exposition embryonaler Stammzellen mit DEHP, PCB oder DEHP+PCB zur Veränderung der Expression von epigenetischen Markergenen (Dnmt1, Dnmt3a, Hdac1)?
- Kommt es durch Exposition embryonaler Stammzellen mit DEHP, PCB oder DEHP+PCB zur Veränderung des globalen Methylierungsstatus oder zu differentieller Methylierung von spezifischen CpGs?

Um diese Fragen zu näher zu untersuchen, wurde die Transkriptmenge von methylierungsspezifischen Markern (Dnmt1,

Dnmt3a, Hdac1) analysiert. Des Weiteren werden Promotormethylierungs-Analysen sowie ein *Luminometric Assay* (LUMA) zur Bestimmung des globalen Methylierungsstatus durchgeführt. Diese Studien wurden in Kooperation mit Prof. Kevin Sinclair, Dr. Lydia Wing Kwong und Prof. Claudine Junien durchgeführt.

In einem zweiten Zellmodell werden C3H10T1/2-Zellen zu Adipozyten differenziert. In diesem Modell wurde der Einfluss von DEHP und PCB sowie deren Gemisch auf die adipogene Differenzierung mittels Proteom-Analyse untersucht. Die Zellen wurden ebenfalls vor der Induktion der Differenzierung exponiert und anschließend in Adipozyten differenziert. In diesem Fall wird ein späteres Expositionsfenster betrachtet, in welchem die Zellen nicht mehr 100 %ig pluripotent, aber noch vor der *Commitment*-Phase sind. Dieser Ansatz hat zum Ziel, den Einfluss der genannten Umweltkontaminanten auf die Adipogenese auf Protein-Ebene näher zu beleuchten. Dieser Versuchsteil wurde in Zusammenarbeit mit Prof. Fowler und Dr. Txaro Amezaga durchgeführt.

2. Chemikalienverzeichnis

Chemikalien/Kits	Firma	Firmensitz
Acrylamid	Serva Electrophoresis GmbH	Heidelberg
Agar-Agar	Carl-Roth GmbH und Co.KG	Karlsruhe
Agarose	Biozym	Oldendorf
AllPrep DNA/RNA/Protein Mini Kit	Qiagen	Hilden
Amoniumpersulfat (APS)	Sigma-Aldrich	Taufkirchen
Ampicillin	Carl-Roth GmbH und Co.KG	Karlsruhe
ApaI	Thermo Scientific	St. Leon-Rot
BMP4	PeproTech	Hamburg
Bovines Serum Albumin (BSA)	Sigma-Aldrich	Taufkirchen
Bradford-Reagenz	Bio-Rad Laboratories GmbH	München
Bromphenolblau	Sigma-Aldrich	Taufkirchen
Chloroform	Carl-Roth GmbH und Co.KG	Karlsruhe
Crimson Taq	NEB	Frankfurt am Main
DEHP	Sigma-Aldrich	Taufkirchen
Dexamethason	Applichem	Darmstadt
Diethylpyrocarbonat (DEPC)	Sigma-Aldrich	Taufkirchen
Dimethylsulfoxid (DMSO)	Sigma-Aldrich	Taufkirchen
DMEM	Life Technologies	Darmstadt
DNA-Leiter 100bp Gene Ruler	Thermo Scientific	St. Leon-Rot
dNTPs (dATP, dCTP, dGTP, dTTP)	Thermo Scientific	St. Leon-Rot
Eisessig	Carl-Roth GmbH und Co.KG	Karlsuhe
Ethanol absolut	Sigma-Aldrich	Taufkirchen
Ethidiumbromid	Carl-Roth GmbH und Co.KG	Karlsruhe
Ethylendiamintetraazetat (EDTA)	Sigma-Aldrich	Taufkirchen
Fötales Kälberserum (FKS)	Biochrom AG	Berlin
Glycerin	Serva Electrophoresis GmbH	Heidelberg
Guanidiniumthiocyanat (GTC)	Serva Electrophoresis GmbH	Heidelberg

Hefeextrakt	Carl-Roth GmbH und Co.KG	Karlsruhe
IMBX	Applichem	Darmstadt
Immobilon™ Western Detection Reagents	Millipore	Schwalbach
Insulin Insuman®	Sanofi Aventis	München
Isopropanol	Sigma-Aldrich	Taufkirchen
Isopropyl-β-D-thiogalaktopyranosid (IPTG)	Carl-Roth GmbH und Co.KG	Karlsruhe
Kochsalzlösung (isotonisch)	Fresenius Kabi GmbH	Bad Homburg
Magermilchpulver	FSI GmbH & Co.KG	Zeven
Methanol	Carl-Roth GmbH und Co.KG	Karlsruhe
N,N,N',N'-Tetramethylethylendiamin (TEMED)	Serva Electrophoresis GmbH	Heidelberg
Nile Red	Sigma-Aldrich	Taufkirchen
Oligonukleotide	Sigma-Aldrich	Taufkirchen
PCB 101 und 118	LGC Standards	Wesel
Penicillin/Streptomycin	PAA GmbH	Cölbe
Pepton	Carl-Roth GmbH und Co.KG	Karlsruhe
PeqGold Plasmid MiniPrep	Peqlab	Erlangen
pGEM T-Vector	Promega	Mannheim
Phenol	Sigma-Aldrich	Taufkirchen
Phosphate buffer solution (PBS) Dulbecco	Biochrom AG	Berlin
Polyvinylalkohol (PVA)	Sigma-Aldrich	Taufkirchen
Ponceau S	Sigma-Aldrich	Taufkirchen
QIAquick Gel Extraction Kit	Qiagen	Hilden
Random Primer	Roche Diagnostics	Mannheim
Reverse Transkriptase	Roche Diagnostics	Mannheim
SacI	Thermo Scientific	St. Leon-Rot
Salzsäure (36%)	Carl-Roth GmbH und Co.KG,	Karlsruhe
SM 0671 Prestained Protein ladder	Thermo Scientific	St. Leon-Rot
SM 1851 Spectra™ Multicolor High Range Protein ladder	Thermo Scientific	St. Leon-Rot
Sodiumdodecylsulfat (SDS)	Serva Electrophoresis GmbH	Heidelberg
SYBR Green	Eurogentec	Köln

Tris[hydroxymethyl]-aminomethan (TRIS)	Serva Electrophoresis GmbH	Heidelberg
Trypsin	Serva Electrophoresis GmbH	Heidelberg
Tween® 20	Sigma-Aldrich	Taufkirchen
Wasserstoffperoxid	Merck	Darmstadt
X-Gal	Carl-Roth GmbH und Co.KG	Karlsruhe
Zitronensäure	Merck	Darmstadt
β-Mercaptoethanol	Serva Electrophoresis GmbH	Heidelberg

3. Abkürzungsverzeichnis

2-EH	2-Ethylhexanol
AGD	Anogenital-Distanz
AhR	Arylhydrocarbon-Rezeptor
ARNT	aryl hydrocarbon receptor nuclear translocator
Bax	BCL2-associated X protein
BMI	body mass index
BMP4	bone morphogenetic protein 4
bp	base pairs
CAS	chemical abstracts service
Casp3	Caspase 3
CO2	Kohlenstoffdioxid
CpG	Cytosin-phosphatidyl-Guanosin
Cx43	Connexin 43
Cyp1a1	cytochrome P450, family 1, subfamily a, polypeptide 1
d	Tag
DEHP	Di(2-ethylhexyl)-Phthalat
DEPC	Diethylpyrocarbonat
DMEM	Eagle's minimal essential medium
DMSO	Dimethylsulfoxid
DNA	Deoxyribonucleic acid
Dnmt1	DNA methyltransferase 1
Dnmt3a	DNA methyltransferase 3a
dNTP	Desoxyribonucleotide
DOHaD	Developmental origin of health and disease
EB	embryoid body

ECC	embryonale Karzinomzellen
EDC	endocrine disrupting chemical
EDTA	Ethylenediaminetetraacetic acid
EGC / EG	Embryonale Keimzellen (embryonic germ cells)
ESC	Embronale Stammzellen (embryonic stem cells)
EST	embryonic stem cell test
EU	Europäische Union
Fabp4	fatty acid binding protein
FACS	luorescent activated cell sorting
FKS	Fetales Kälberserum
Gja1	gap junction protein, alpha 1
GTC	Guanidinium thiocyanate
h	Stunde
H2O	Wasser
HAT	Histon-Acetyltranferasen
Hdac1	histon deacetylase 1
IBMX	3-Isobutyl-1-methylxanthin
ICM	Innere Zellmasse (inner cell mass)
IPTG	Isopropylthio-ß-D-galactosid
LC-MS/MS	Liquid-Chromatographie-Massenspektometrie/Massenspektometrie
LUMA	Luminometric Assay
MEA	Microelectrode-Arrays
MEHP	Mono(2-ethylhexyl)phthalat
mRNA	Messenger-RNA
MSC	mesenchymal stem-cells
Myh6	myosin, heavy chain 6, cardiac muscle, alpha
NEAA	Nicht essentielle Aminosäuren
NTC	no template control

OECD	Organisation for Economic Co-operation and Development
PCB	Polychlorierte Biphenyle
PCR	Polymerase-Ketten-Reaktion (polymerase chain reaction)
PGC	primordiale Keimzelle (primordial germ cells)
Ppara	peroxisome proliferator-activated receptor alpha
Pparg	peroxisome proliferator-activated receptor gamma
PVC	Polyvinylchlorid
qRT-PCR	quantitative Echtzeit-PCR
REEF	Reproductive Effects of Environmental chemicals in Females
RNA	Ribonucleic acid
s	Sekunde
Slc2a4	solute carrier family 2, member 4
TBT	Tributylzinn
TCDD	2,3,7,8-Tetrachlordibenzo-p-dioxin
TDI	tolerable daily intake
TF	Transkriptionsfaktor
X-Gal	5-Bromo-4-chloro-3-indolyl-ß-D-galactosid

4. Material und Methoden

4.1 Zelllinien und Zellkultur

In dieser Studie wurden die embryonalen Karzinomzellen der Linie P19 (He, 2009) sowie die mesenchymale Stammzelllene C3H10T1/2 (Reznikoff et al. 1973) untersucht.

4.1.1 P19-ECC Zellkultur

Die Medien und Lösungen der Zellkultur wurden unter sterilen Bedingungen unter der Sterilbank hergestellt bzw. vor ihrer Benutzung steril-filtriert oder autoklaviert.

Medien und Lösungen

Kulturmedium P19-ECC:
DMEM + Glukose	high Glucose (25 mM)
FKS	15 %
L-Glutamin	2 mM
β-Mercaptoethanol	50 mM
Nicht essentielle Aminosäuren (NEAA)	100 x
Penicillin/Streptomycin	50 U Penicillin, 50 µg/ml Streptomycin

Differenzierungsmedium P19-ECC:
DMEM + Glukose	high Glucose (25 mM)
FKS	20%
L-Glutamin	2 mM
β-Mercaptoethanol	50 mM
Nicht essentiellen Aminosäuren (NEAA)	100 x
Penicillin/Streptomycin	50 U Penicillin, 50 µg/ml Streptomycin

4.1.2 C3H10T1/2-Zellkultur

Medien und Lösungen

Basismedium C3H10T1/2:
DMEM + Glukose	*high Glucose* (25 mM)
FKS	10 %
Natrium-Pyruvat	1 mM
Penicillin/Streptomycin	50 U Penicillin, 50 µg/ml Streptomycin
(+ BMP4 bis Postkonfluenz))	*(50 ng/ml)*

Induktionsmedium C3H10T1/2:
Basismedium	siehe oben
Insulin (bovin)	1 µM
Dexamethason	0.4 µM
3-Isobutyl-1-methylxanthin (IBMX)	0.5 µM

Differenzierungsmedium C3H10T1/2:
Basismedium	siehe oben
Insulin (bovin)	1 µM

Weitere Lösungen:
EDTA	0.02 %
Phosphate buffered saline (PBS)	pH 7.4
Trypsin- Lösung	0.2 %
Gelatine-Lösung	0.1 %

4.2 Kultivierung und Differenzierung der Zellen

4.2.1 Kultivierung und Differenzierung der P19-ECC in Kardiomyozyten

Die embryonale Karzinom-Zelllinie P19 wurde aus dem Labor von Frau Prof. Wobus übernommen und im Institut für Anatomie und

Zellbiologie nach Protokollen von Frau Prof. Wobus (Wobus et al. 1985; Wobus et al. 1991.) wie folgt kultiviert. Als Kulturmedium diente Dulbecco`s modified Eagel`s medium (DMEM) supplementiert mit 15 % hitzeinaktiviertem fötalem Kälberserum (FKS), L-Glutamin, β-Mercaptoethanol, nicht essentiellen Aminosäuren und Penicillin/Streptomycin. Für die Kultivierung unter Differenzierungsbedingungen wurde das Medium mit 20 % statt 15 % FKS supplementiert. Die Zellen wurden adhärent auf beschichteten 60 mm Zellkulturschalen (0.1 % Gelatine) bei 37°C und 5 % CO_2 im Inkubator gehalten.

Die myogene Differenzierung der P19-ECC erfolgte durch Zusatz von 1 % DMSO im Differenzierungsmedium während der ersten 2 Tage der Determinierung (Abbildung 9). Die Determinierung erfolgte in einem hängenden Tropfenansatz, wobei 400 Zellen/20µl Differenzierungsmedium als hängender Tropfen kultiviert wurden. Die Tropfen wurden auf Deckel bakteriologischer Petrischalen (10 cm) gesetzt, wobei 10 ml PBS im Schalenboden für einen Verdunstungsschutz sorgten. Nach 2 Tagen wurden die Tropfen abgespült und für weitere 3 Tage auf bakteriologischen Petrischalen in Suspensionskultur gehalten. Nach 5 Tagen erfolgte die Plattierung auf gelatinebeschichteten Kulturschalen. Bereits am Kulturtag 11 (1 Tag nach Plattierung) waren erste schlagende Herzmuskelzellen zu erkennen.

Für die Untersuchung des Einflusses der verwendeten Substanzen wurden RNA, DNA sowie Proteinproben zu verschiedenen Zeitpunkten der Differenzierung gewonnen. RNA-Isolationen wurden in RA1 Puffer + ß-Mercaptoethanol, DNA-Proben in RP1 Puffer + ß-Mercaptoethanol und Proteinproben in

RIPA Puffer aufgenommen und entweder direkt aufgearbeitet oder bei -80°C gelagert.

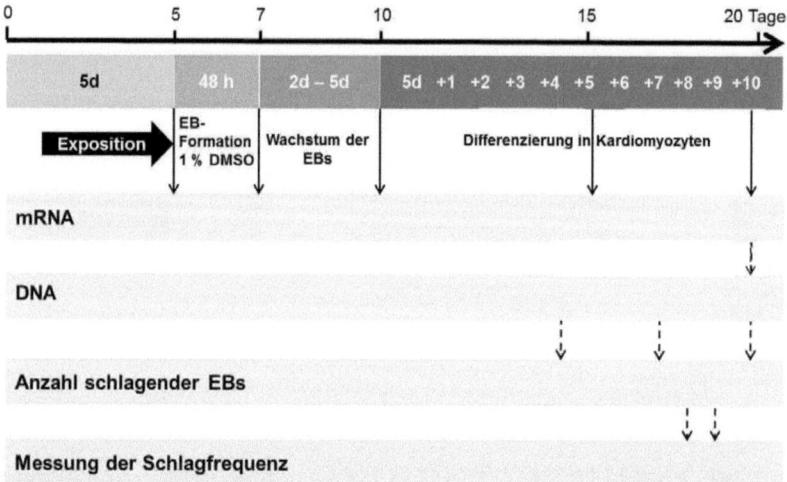

Abbildung 9: Schema der P19-ECC Kultivierung und Differenzierung zu Kardiomyzyten - Das Schema zeigt das Differenzierungsprotokoll der P19-ECC zu Kardiomyozyten sowie die Zeitpunkte der Probenahmen (Pfeile). d=Tage; DMSO=Dimethylsulfoxid; EB=*Embryoid Body*.

4.2.2 Kultivierung und Differenzierung der C3H10T1/2 -Zellen in Adipozyten

Die embryonale Mauszelllinie C3H10T1/2 wurde von ATCC (Cat. Nr: CCL-226, Lot Nr: 58078542) erworben und nach dem Protokoll von Tang und Kollegen sowie Huang und Kollegen (Tang et al. 2004; H.-Y. Huang et al. 2010) zu Fettzellen differenziert (Abbildung 10).

Die Zellen wurden zunächst subkonfluent vermehrt und anschließend mit einer Dichte von 2 x 10^3 Zellen/cm^2 aufgeteilt. Als Basismedium diente DMEM supplementiert mit 10 % FKS und

Penicillin/Streptomycin. Zur gezielten Determinierung der Zellen in die adipogene Linie wurden dem Medium bis 2d post-Konfluenz 50 ng/ml BMP4 zugegeben. Ein Mediumwechsel erfolgte nach Feststellung der Konfluenz. Ab Kulturtag 3 post-Konfluenz wurden die Zellen für 48 h mit einem Induktionsmedium inkubiert (siehe 4.1.2). Anschließend wurden die Zellen für wiederum 48 h mit dem Differenzierungsmedium (siehe Medien und Lösungen) inkubiert. Die Zellen wurden dann bis Kulturtag 9 mit Basismedium weiterkultiviert. Die Inkubation erfolgte bei 37°C und 5 % CO_2 im Brutschrank.

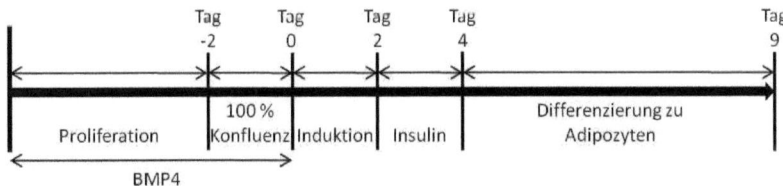

Abbildung 10: Schema der C3H10T1/2 Kultivierung

4.2.3 Umsetzen der Zellen

Zur Passage der Zellen wurde zunächst das verbrauchte Medium abgesaugt und die Zellen mit PBS gewaschen. Anschließend wurden die Zellen mit einer Trypsin/EDTA Lösung [0.5% (w/v) Trypsin und 0.02 mM EDTA für C3H10T1/2; 0.025% (w/v) Trypsin und 0.02 mM EDTA für P19-ECC] gewaschen und dann für 3 min bei 37°C inkubiert. Die abgelösten Zellen wurden in 2 ml frisches, warmes Zellkulturmedium aufgenommen und resuspendiert, wobei das FKS im Medium die Aktivität des Trypsin/EDTA Gemisches inhibiert. Die frische Zellsuspension wurde im Fall von P19-Zellen

1:4 aufgeteilt und in neue Zellkulturschalen mit 5 ml Medium überführt. War für den Versuchseinsatz eine definierte Zellzahl von Bedeutung, so wurden die Zellen mit der Neubauer Zählkammer ausgezählt und die entsprechende Zellzahl weiter verwendet. Das Routinepassagieren erfolgte im Fall von P19-Zellen alle 24 Stunden.

4.2.4 Einfrieren und Auftauen der Zellen

Die Zellen wurden aus einer logarithmisch wachsenden Population eingefroren. Sie wurden zunächst mit PBS gewaschen und, wie beschrieben, trypsiniert. Danach wurden sie in 2 ml Medium aufgenommen, in ein 15 ml Zentrifugen-Röhrchen überführt und pelletiert (1000*rpm*, 5min). Das Medium wurde vorsichtig abgesaugt und die Zellen in 5 ml Einfriermedium (Kulturmedium + 8% DMSO) aufgenommen. Die Zellsuspension wurde in 2 ml Kryokonservierungs-Röhrchen überführt und in einer Cryo-Box langsam über Nacht auf –80°C abgekühlt. Die Lagerung erfolgte in einem Container mit flüssigem Stickstoff. Zum Auftauen der Zellen wurden diese für wenige Minuten in ein 37°C warmes Wasserbad und unter Sicht aufgetaut. Anschließend wurden die Zellen in 10 ml warmes Medium in einem 15 ml Zentrifugen-Röhrchen aufgenommen und pelletiert (1000 *rpm*, 5 min). Der Überstand wurde verworfen und das Pellet mit 2 ml frischem Medium resuspendiert. Die Zellsuspension wurde dann in eine gelatinebeschichtete 60 mm Zellkulturschale mit 5 ml Medium gegeben und bei 37°C und 5 % CO_2 inkubiert.

4.3 Behandlung der Zellen

4.3.1 Behandlung von P19-ECC mit DEHP, PCB und DMSO

Für die Experimente wurden Zellen in subkonfluenter Dichte verwendet. Alle Substanzen wurden in entsprechenden Verdünnungen aus 1000 fachen Stammlösungen in DMSO hergestellt. Für die verschiedenen Versuche wurden die Zellen im undifferenzierten Wachstum über 4 Tage mit den entsprechenden Substanzen inkubiert. Passagen sowie die Zugabe von DEHP [5, 50, 100 µg/ml] und/oder PCB [1, 10, 100 ng/ml] erfolgten alle 24 h. Zur Kontrolle mitgeführte Zellen wurden ausschließlich mit DMSO als Vehikel-Kontrolle behandelt, wobei die maximale Mediumkonzentration 0.1 % DMSO betrug.

4.4 Behandlung von C3H10T1/2-Zellen mit DEHP, PCB und DMSO

Die C3H10T1/2 Zellen wurden ab Konfluenz bis 2 Tage post-Konfluenz mit DEHP [100 µg/ml] und/oder PCB [100 ng/ml] behandelt. Alle Substanzen wurden in entsprechenden Verdünnungen aus 1000-fachen Stammlösungen in DMSO hergestellt. Kontrollbehandelte Zellen wurden ausschließlich mit DMSO als Vehikel-Kontrolle behandelt, wobei die maximale Mediumkonzentration 0.1 % DMSO betrug.

4.5 Analyse der adipogenen Effizienz von C3H10T1/2-Zellen mittels *Fluorescence-activated cell sorting* (FACS)

Die Analyse der adipogenen Effizienz erfolgte in Zusammenarbeit mit Herrn Dr. Alexander Navarette Santos aus der Arbeitsgruppe von Herrn Prof. Andreas Simm aus der Poliklinik für Herz- und Thoraxchirurgie des Universitätsklinikums Halle.

Die Zellen wurden am Tag 9 der Differenzierung mittels FACS analysiert. Zur Vorbereitung für diese zytometrische Analyse wurden die Zellen mit Trypsin/EDTA trypsiniert und mit Basismedium abgestoppt. Die erhaltene Einzelzellsuspension wurde anschließend durch einen Zellfilter (40 µm Porengröße) gegeben, um eventuelle Zellaggregate von Einzelzellen zu trennen. Dieser Schritt ist essentiell, da Zellaggregate den Sortierungsvorgang im FACS stören würden. Die Zellen wurden anschließend mit *Nile Red* [100ng/ml] gefärbt (min. 5 min). Die Inkubation mit *Nile Red* erfolgte auf Eis und im Dunkeln. *Nile Red* ist ein Fluoreszenzfarbstoff, welcher in den Fettvesikeln lebender Adipozyten akkumuliert. Anhand der *Nile Red*-Fluoreszenz und der Granularität der Zellen konnten Adipozyten gegenüber anderen Zellpopulationen im homogenen Zellgemisch abgegrenzt werden. Diese Abgrenzung und die Zählung der Zellen im FACS ermöglichte eine Aussage über die Effizienz der adipogenen Differenzierung (Schaedlich und Knelangen 2010).

4.6 Ermittlung der Schlagfrequenz von Kardiomyozyten mittels *Multielectrode Array* (MEA)

Die Messungen der Schlagfrequenz mittels MEA erfolgte in Kooperation mit Herrn Dr. Randy Kurz aus der Arbeitsgruppe von Frau Prof. Andrea Robitzky am Biotechnologisch-Biomedizinischen Zentrum (BBZ) der Universität Leipzig.

Zur Ermittlung der Schlagfrequenz der differenzierten EBs wurden MEA Chips verwendet, welche im BBZ Leipzig in der Arbeitsgruppe von Frau Prof. Robitzky hergestellt wurden. Die unter UV-Bestrahlung sterilisierten Chips wurden mit 0.2 % Gelatine-Lösung beschichtet. Anschließend wurden jeweils 2-3 EBs pro Chip ausplattiert und bis zum 17. Kulturtag bei 37°C und 5 % CO_2 unter mehrmaligem Mediumwechsel inkubiert. Ab Tag 18 wurde die Messung der Schlagfrequenz in einer dafür entwickelten Apparatur unter den genannten Kulturbedingungen durchgeführt. Die Dauer der Messung betrug jeweils 15 min. Die Gesamtheit der Werte wurde gemittelt und somit die mittlere Schlagfrequenz eines schlagenden Clusters berechnet.

4.7 Ermittlung der Differenzierungsgeschwindigkeit von P19-ECC zu Kardiomyozyten

Zur Ermittlung der Differenzierungsgeschwindigkeit von P19-ECC in Kardiomyozyten wurden die P19-ECC wie bereits erläutert kultiviert. Am Tag 5 der Differenzierungsphase wurden die EBs in 24 Well-Platten einzeln ausplattiert. Ab dem Ausplattieren wurden die EBs zu drei festgelegten Zeitpunkten unter dem Mikroskop betrachtet um zu zählen, wie viele EBs zu diesen Zeitpunkten (Kulturtag 14, 17 und 20) kontraktile Zentren aufwiesen. Schlagende EBs waren hierbei das Maß für Differenzierung.

4.8 Genexpressionsanalyse mittels qRT-PCR

4.8.1 RNA-Isolation aus Geweben mit Guanidin-Thiocyanat (GTC)

Das tiefgefrorene Gewebe wurde in flüssigem Stickstoff mittels eines Mörsers zerstoßen. In Abhängigkeit vom Gewebe wurde entweder das ganze gemörserte Organ oder nur ein Teil des gemörserten Organs in ein 2 ml Reaktionsgefäße gefüllt. Zum Gewebepulver wurden 600 µl kalte GTC-Lösung [50 ml 4 M GTC + 270 µl β-Mercaptoethanol] gegeben und alles mit dem Ultraturrax ca. 1 min auf höchster Stufe homogenisiert. Anschließend wurden schrittweise 60 µl Natriumacetat [2 M; pH 4.0], 600 µl Phenol und 120 µl Chloroform hinzugegeben. Nach jeder Zugabe wurde kurz kräftig gemischt und dann die nächste Reagenz dazugegeben. Nach Zugabe aller Reagenzien wurden die Proben 20 min auf Eis inkubiert und anschließend bei 4°C und 13 000 rpm zur Phasentrennung zentrifugiert.

Die wässrige Oberphase wurde anschließend abgenommen und in ein neues 1.5 ml Reaktionsgefäß überführt. Zu dieser RNA-haltigen Phase wurde 1 Äquivalent Isopropanol (eiskalt) gegeben, kräftig gemischt und für min. 30 min bei -80°C gefällt. Anschließend wurde die RNA bei 4°C und 13000 rpm pelletiert und der Überstand abgesaugt und verworfen. Das Pellet wurde nun 2 mal mit 70%-

igem eiskalten Ethanol gewaschen und jeweils für 10 min bei 4°C und 13000 rpm abzentrifugiert. Nach den Waschschritten wurde das Pellet bei Raumtemperatur getrocknet und je nach Pelletgröße in 25-50 µl DEPC-H_2O gelöst. Die Lagerung der RNA erfolgte bei -80°C. Zur Kontrolle der RNA Qualität wurden 0.5-1 µg RNA auf ein 1.2%-iges Agarosegel aufgetragen.

4.8.2 RNA-Quantifizierung mittels UV-Spektroskopie

Die Konzentration der isolierten RNA wurde mittels des UV/VIS-Spektrometers NanoVu (GE Healthcare) ermittelt. Hierzu wurde 1 µl der RNA direkt in die Messeinrichtung pipettiert und die Konzentration bei einer Wellenlänge von 260 nm gemessen. Dabei entspricht 1 OD der Konzentration von 40 ng/µl. Eine Proteinverunreinigung ließ sich durch eine gleichzeitige Messung der 260/280 nm Ratio feststellen. Solange der Quotient der gemessenen OD bei λ=260nm und 280 nm zwischen 1.7-2.0 lag, wurde davon ausgegangen, dass keine Verunreinigung vorlag.

4.8.3 Verdau der DNA mit DNase I

Der Verdau der DNA erfolgte mittels des *DNA-free Kit* von Ambion (Applied Biosystems, Darmstadt, Deutschland). Die zugrundeliegende Reaktion war der DNase I Verdau (2 U für bis zu 10 µg RNA) bei 37°C für 20-30 min. Anschließend wurde die Aktivität der DNase I durch Zugabe einer Inaktivierungs-Reagenz inhibiert. Nach anschließender Zentrifugation bei 10 000 x g für 1.5 min, wurde die Inaktivierungs-Reagenz gefällt, und der Überstand mit Total-RNA in ein frisches Gefäß überführt.

4.8.4 Reverse Transkriptase Reaktion (RevertAid™ H Minus Reverse Transcriptase, Fermentas, Deutschland) – cDNA Synthese

Für die reverse Transkription der RNA wurden für Gewebe jeweils 3 µg und für Zellen jeweils 1 µg Gesamt-RNA eingesetzt. Zur RNA wurde 1 µl *random*-Primer gegeben. Der Ansatz wurde mit DEPC (Diethylpyrocarbonat)-Wasser auf 12.5 µl aufgefüllt und im Thermocycler 5 min bei 65°C inkubiert. Parallel dazu wurde der Reaktionsmix auf Eis vorbereitet:

RT-Ansatz:
5x Reaktionspuffer   4 µl
10 mM dNTP-Mix   1 µl
Reverse Transkriptase (200U/µl)   1 µl
RNase Inhibitor   0.5 µl

Anschließend wurden zu der Reaktion 7.5 µl des Mixes hinzugegeben, gemischt und im Thermocycler unter folgenden Bedingungen inkubiert:

- 10 min bei 25°C (Annealing)
- 1 h bei 42°C (reverse Transkription)
- 10 min bei 70°C (Inaktivierung)
- 4°C (Pause)

Nach Beendigung der cDNA-Synthese wurde diese mit *auqa dest.* auf 90 µl aufgefüllt. Zur Überprüfung der erfolgreichen Synthese wurde jeweils 1 µl der cDNA in einer 18S -PCR eingesetzt.

4.8.5 Polymerase Ketten Reaktion (PCR)

Der PCR-Ansatz wurde nach Herstellerprotokoll, wie in Tabelle 1 gezeigt, pipettiert.

Tabelle 1: Standard PCR-Ansatz

Komponente	Reaktionsansatz 25 µl	Reaktionsansatz 50 µl	Endkonzentration
5x Crimson *Taq* Reaction Buffer (Mg-frei)	5 µl	10 µl	1 x
10 mM dNTP	0.5 µl	1 µl	200 µM
10 µM *Forward* Primer	0.5 µl	1 µl	0.2 µM
10 µM *Reverse* Primer	0.5 µl	1 µl	0.2 µM
Template DNA	variabel	variabel	<1.00 ng
Crimson *Taq* DNA Polymerase	0.125 µl	0.25 µl	1.25 units/50 µl PCR
Nuclease-freies Wasser	ad 25 µl	ad 50 µl	

Die PCR erfolgte im Thermocycler nach folgendem Standard PCR-Programm:

Tabelle 2: Standard PCR-Programm für den Thermocycler

Schritt	Temperatur °C	Dauer	Zyklen
Initiale Denaturierung	94	3 min	
Denaturierung	94	30 s	40*
Annealing	60*	30 s	
Elongation	70	30 s*	
Finale Elongation	70	5 min	
Pause (Kühlung)	4	∞	

* Die *Annealing* Temperatur, die Dauer der Elongation und die Zyklenzahl wurde jeweils den optimalen Bedingungen der zu amplifizierenden PCR-Produkte angepasst.

4.8.6 Primer für die PCR

Die spezifischen Sequenzen der zu untersuchenden Gene wurden unter Nutzung der MGI Datenbank (http://www.informatics.jax.org/) erhalten. Die Primer zu diesen Sequenzen wurden anschließend mit Hilfe des online Tools Primer3Plus (http://www.bioinformatics.nl/cgi-bin/primer3plus/primer3plus.cgi) erstellt, und in der NCBI Datenbank BLAST (http://blast.ncbi.nlm.nih.gov/Blast.cgi) auf ihre Spezifität getestet. Die Produktgröße betrug 100-250 *bp*, sodass die ausgewählten Primer sowohl in der Standard-PCR als auch in der qRT-PCR verwendet werden konnten.

Die PCR-Produkte neu hergestellter Primer wurden jeweils zur Validierung in ein Sequenzierlabor eingeschickt.

Tabelle 3: PCR-Primer für qRT-PCR und Standard-PCR

Name	Primer	Sequenz	Produktgröße	Temperatur [°C]
Ppara	Forward	TCTCCCCATTTCTCATCCTG	170 *bp*	61
Ppara	Reverse	GCCAGGACTGAAGTTCAAGG		61
Pparg	Forward	GATGGAAGACCACTCGCATT	116 *bp*	60
Pparg	Reverse	AACCATTGGGTCAGCTCTTG		60
Slc2a4	Forward	TGACGCACTAGCTGAGCTGAA	75 *bp*	63
Slc2a4	Reverse	AGGAGCTGGAGCAAGGACATT		63
Fabp4	Forward	TCGACTTTCCATCCCACTTC	138 *bp*	58
Fabp4	Reverse	TGGAAGCTTGTCTCCAGTGA		58
Myh6	Forward	ATCATTCCCAACGAGCGAAA	142 *bp*	60
Myh6	Reverse	GCCGGAAGTCCCCATAGAGA		60
Gja1	Forward	ACAGCGGTTGAGTCAGCTTG	106 *bp*	60
Gja1	Reverse	GAGAGATGGGGAAGGACTTGT		60
Dnmt1	Forward	CCACCACCAAGCTGGTCTAT	180 *bp*	62
Dnmt1	Reverse	TGCCACCAAACTTCACCATA		62
Dnmt3a	Forward	ACTTGGAGAAGCGGAGTGAA	182 *bp*	60
Dnmt3a	Reverse	CTGTTCTTTGCCCTCTCCTG		60
Hdac1	Forward	TCCAACATGACCAACCAGAA	167 *bp*	60
Hdac1	Reverse	TTGTCAGGGTCCTCCTCATC		60
Acadm	Forward	AGGTTTCAAGATCGCAATGG	152 *bp*	63

Acadm	Reverse	CTCCTTGGTGCTCCACTAGC		63
Fh1	Forward	AGCAATGCATATTGCTGCTG	196 bp	63
Fh1	Reverse	CGCATACTGGACTTGCTGAA		63
Pgam1	Forward	TTAGGAAGAATTCAGGGAGGAAC	164 bp	62
Pgam1	Reverse	AGGGTTAAAAATCACCATGAGGT		62
Pgm2	Forward	AAGCTGTCCCTCTGTGGAGA	199 bp	64
Pgm2	Reverse	CAGCTTCCACCTCCTCGTAG		64
Glud1	Forward	GAGCATTTTAGGAATGACACCAG	130 bp	62
Glud1	Reverse	AGACTCTCCAACACCAACACAT		62
Cyp1a1	Forward	GGCCACTTTGACCCTTACAA	186 bp	60
Cyp1a1	Reverse	CAGGTAACGGAGGACAGGAA		60
Casp3	Forward	CTGGACTGTGGCATTGAGAC	134 bp	60
Casp3	Reverse	CCGTCCTTTGAATTTCTCCA		60
Bax	Forward	GAAGCTGAGCAGTGTCTCC	145 bp	60
Bax	Reverse	GAAGTTGCCATCAGCAAACA		60
18s	Forward	AGAAACGGCTACCACATCCAA	91 bp	60
18s	Reverse	CCTGTATTGTTATTTTTCGTCACTACCT		60

4.8.7 Gelelektrophoretische Auftrennung der DNA und RNA

DNA (PCR-Produkte, Plasmide, Restriktionsfragmente) und RNA wurden im 1-1.8 %-igen Agarosegel nach ihrer Größe (Basenpaare) separiert. Die Auftrennung erfolgte in einer horizontalen Gelkammer mit 1x TAE-Puffer. Es wurden je nach Größe der Taschen im Gel 15-25 µl DNA-Probe mit 3-5 µl Ladepuffer versetzt und auf das Gel aufgetragen. Nach dem Lauf erfolgte die Auswertung unter UV-Licht und die Dokumentation mit der Bio1d Software. Die Größenbestimmung wurde durch den Vergleich mit Marker-DNA durchgeführt.

Agarosegel (1-1.8 %ig):
Agarose	1-1.8 g
TAE-Puffer (1x)	100 ml
Ethidiumbromid (10 mg/ml)	1 µl

10x TAE-Puffer (Tris-Acetat-EDTA) (pH 8.0):
Tris-Base	242 g
Eisessig	57.1 ml
EDTA (0.5 M, pH 8.0)	1 µl
aqua dest.	ad 5 l

6x Ladepuffer:
Bromphenolblau	0.0625 %
Glycerin	30 % (w/v)

4.8.8 Isolation von DNA-Fragmenten aus dem Gel

Die Größe der zu Fragmente wurde anhand des Größenmarkers bestimmt. Diese wurden unter UV-Licht aus dem Gel ausgeschnitten. Die Reinigung erfolgte mit dem Qia Quick *Gel Extraction Kit*. Die aufgereinigten Fragmente wurden anschließend zur Ligation in den pGEM-T Vector verwendet.

4.8.9 Herstellung von Plasmid-Standards für die quantitative Real-time PCR (qRT-PCR)

Plasmidstandards für die qRT-PCR wurden mit dem pGEM-T Vector System hergestellt. Das verwendete Plasmid ist linearisiert und besitzt einen 3' Thymidin-Überhang an beiden Enden. Standard PCR-Polymerasen versehen ihre Produkte Template-unabhängig mit einem Desoxyadenosin, sodass eine Ligation über die kompatiblen Enden, unabhängig von Schnittstellen, mit jedem beliebigen Fragment möglich ist.

Ligation von DNA Fragmenten mit dem Vektor pGEM-T:

20 µl Ansatz:

Vektor	1 µl
2x Rapid Ligation Buffer	10 µl
PCR-Produkt	8 µl
T4 DNA-Ligase	1 µl

Der Ansatz wurde über Nacht bei 4°C, oder für 1-2 h bei RT inkubiert. Dann konnte er direkt für die Transformation eingesetzt oder bei –20°C gelagert werden.

Die Plasmide wurden in der qRT-PCR als Standards mit definierter Molekülzahl ($10^8 - 10^5$ Moleküle) eingesetzt.

4.8.10 Transformation der Plasmid-Standards in kompetente E. coli XL1-Blue

Je 100 µl kompetente Zellen (auf Eis aufgetaut) wurden mit dem Ligationsansatz vorsichtig gemischt und ca. 30 min auf Eis inkubiert. Nach dem folgenden Hitzeschock von 45 s bei 42°C im Wasserbad wurde der Ansatz für 2 min auf Eis abgekühlt. Nach Zugabe von 0.3 ml LB-Medium und Inkubation für 60-90 min (schüttelnd bei 37°C) wurde ein Teil des Ansatzes (50 – 150 µl) auf LB-Selektionsagar [Ampicillin: 100 µg/ml; IPTG (Isopropylthio-ß-D-galactosid): 80 µg/ml; X-Gal (5-Bromo-4-chloro-3-indolyl-ß-D-galactosid): 50 mg/ml] ausplattiert. Die Platten wurden über Nacht bei 37°C inkubiert. Anschließend wurden die weißen Klone gepickt, auf einer Masterplatte (LB Agar + Ampicillin [100 µg/ml]) ausplattiert und in 4 ml LB-Medium überimpft. Die Masterplatten und die Flüssigkultur (schüttelnd – 240 rpm) wurden bei 37°C über Nacht inkubiert.

Die Blau-Weiß-Selektion der positiven Klone wurde zum einen über die Ampicillin-Resistenz und zum anderen über die Fähigkeit, X-Gal enzymatisch spalten zu können, möglich. Die Voraussetzung für die Spaltung von X-Gal in Galaktose und den blauen Farbstoff 5-Bromo-4-Chloro-3-Indol (Kolonien erscheinen blau) ist eine funktionsfähige β-Galaktosidase, welche im Wirtsstamm XL1-Blue deletiert, aber auf dem pGEM-T Vector codiert ist. Der Einbau des DNA-Fragmentes in die *multiple cloning site* (liegt innerhalb eines 5'-Abschnitts des lac Z-Gens) zerstört das Leseraster des lac Z-Gens. Dadurch kann keine funktionsfähige β-Galaktosidase mehr gebildet werden, so dass die betreffenden Bakterienkolonien in Gegenwart von X-Gal farblos (weiß) bleiben. IPTG dient hierbei als nicht abbaubarer Induktor für die β-Galaktosidase.

LB-Agar:
Trypton oder Pepton	10 g
Hefeextrakt	5 g
NaCl	5 g
Glukose	1 g
Agar Agar	12 g
aqua dest.	ad 1 L

Die Komponenten wurden gut gemischt und autoklaviert. Anschließend wurden je nach Gebrauch Antibiotika u. a. Zusätze in den leicht abgekühlten LB-Agar gegeben und dieser dann á ca. 20 ml in bakteriologische Petrischalen gefüllt. Diese kühlten bis zum Erstarren bei RT aus und wurden dann bei 4°C gelagert.

4.8.11 Plasmidisolation mit Spin-Säulchen

Zur Isolation von Plasmiden wurde der Stamm zunächst in 4 ml LB-Vorkultur (+ Antibiotikum) angezogen. Die Zellen wurden in der Zentrifuge pelletiert (13 000 rpm, 1 min) und der Überstand verworfen. Die Plasmid-Isolation erfolgte aus 4 ml Vorkultur nach dem Protokoll des *peqGold Plasmid Miniprep Kit I* von Peqlab. Durch drei Waschschritte wurden sämtliche Salz- und Proteinkontaminationen entfernt, wodurch die Plasmide sofort für Restriktions-Reaktionen, PCR etc. weiter verwendet werden konnte.

4.8.12 Restriktion von Plasmiden

Um den Klonierungserfolg und die Größe des Inserts zu kontrollieren wurden die rekombinanten Plasmide durch eine doppelte Restriktion mit ApaI und SacI geschnitten. Die resultierenden Banden wurden im 1.8 %-igen Agarosegel aufgetrennt. Die Identität der spezifischen PCR-Produkte wurde nach dem Standardprotokoll der Doppelrestriktion mit den entsprechenden Enzymen durchgeführt.

Restriktionsansatz:

Apal	5 U
Sacl	5 U
Buffer B	1 µl
Plasmid	5 µl
aqua dest.	ad 10µl

Für die Restriktion der Plasmide betrug die Inkubationszeit 1 h bei 37°C. Der gesamte Ansatz wurde auf ein 1.8 % Agarosegel aufgetragen und ausgewertet.

4.8.13 Glycerinkultur

Positive Klone wurden für unbestimmte Zeit als Glycerinkultur bei -80°C gelagert. Hierzu wurden in einem 2 ml-Reaktionsgefäß 0.6 ml der Übernachtkultur und 0.4 ml Glycerin gut gemischt, für 15 min auf Eis inkubiert und dann bei –80°C eingefroren.

4.8.14 Quantitative Real-time PCR (qRT-PCR) mit SYBR®-Green

Die qRT- PCR ist eine sensitive Methode zur Quantifizierung von RNA. Die Quantifizierung wird mit Hilfe von Fluoreszenz-Messungen durchgeführt, die während eines PCR-Zyklus erfasst werden. SYBR®-Green interkaliert mit der ds-DNA, wodurch die Fluoreszenz dieses Farbstoffes ansteigt. Die Zunahme der Target-DNA korreliert daher mit der Zunahme der Fluoreszenz von Zyklus zu Zyklus. Die Messung findet am Ende der Elongation in jedem Zyklus statt. Nach Beendigung eines Laufs (in der Regel 40 Zyklen) wird die

Quantifizierung anhand von erhaltenen Fluoreszenzsignalen in der exponentiellen Phase der PCR vorgenommen. Nur in der exponentiellen Phase der PCR ist die korrekte Quantifizierung möglich, da während dieser Phase die optimalen Reaktionsbedingungen herrschen.

Für die qRT-PCR-Reaktion wurden 3 µl der cDNA mit 17 µl Mastermix gemischt. Dieser setzte sich zusammen aus je 1 µl Primer 1 und 2, sowie 10 µl SYBR-Green Mix und 5 µl *aqua dest*. Jeder Versuch enthielt mindestens zwei cDNA-Wiederholungen für jedes quantifizierte Gen und eine Wasserkontrolle (NTC). Bei jedem Lauf schloss sich eine Schmelzkurvenanalyse an, um sicher zu gehen, dass jeweils nur ein PCR Produkt amplifiziert wurde.

Tabelle 4: Standard *3-Step* Protokoll für qRT-PCR

Temperatur °C	Dauer	Zyklus	Step
95	5 min	1	1
95	20 s	2 (40x)	1
60*	30 s		2
72	40 s*		3
95	1 min	3	1
60	1 min	4	1
55	10 s	5	1 (81x) (Temperaturerhöhung pro Step 0.5°C – Endtemperatur 95°C Schmelzkurve))

*Die *Annealing* Temperatur wurde jeweils den optimalen Bedingungen der zu amplifizierenden PCR-Produkte angepasst

Für die Quantifizierung wurde die absolute Molekülzahl mit Hilfe des jeweiligen Plasmidstandards berechnet. Dieser Standard wurde bei jedem Lauf in 4 verschiedenen Molekülzahlen (10^8, 10^7, 10^6, 10^5

Moleküle) zum Erstellen einer Standardgeraden mitgeführt. Die Software des Bio-Rad iQ5 Gerätes berechnete anhand dieser Geraden die Molekülzahlen der gemessenen cDNAs. Zur Normalisierung der cDNAs wurde jeweils 1 Lauf mit dem *housekeeping* Gen 18s durchgeführt, und die Molekülzahl der verschiedenen Gene in Bezug auf die Anzahl der 18s Moleküle umgerechnet.

4.9 Proteinanalysen
4.9.1 Protein –RNA- und DNA-Isolation mittels Allprep -Kit von Qiagen

Für die Isolation von Protein, RNA und DNA wurde neben den Standardmethoden auch ein Kit von Qiagen (AllPrep DNA/RNA/Protein Mini Kit) verwendet, welches alle drei Isolationen aus ein und derselben Probe erlaubt. Die Aufreinigung erfolgte laut Herstellerprotokoll. Zum Lysepuffer (RLT) wurde zusätzlich ein Protease-Inhibitor Cocktail (Sigma Aldrich, Deutschland, Kat.-Nr.: P8340) gegeben, um proteolytischen Abbau zu verhindern.

Mit diesem Kit aufgereinigtes Protein wurde für einen Proteomics-Ansatz (2D-Gel) verwendet. Zu diesem Zweck wurde das Protein in einer speziellen *modified reswell solution* (MRS: 7 M Urea, 2 M Thiourea, 4 % (w/v) CHAPS, 0.3 % (w/v) DTT) gelöst, welches eine bessere Solubilisierung ermöglicht und mit verschiedenen Protein-Assays (Bio-Rad RC-DC Protein Assay, Bradford Assay) sowie der 2D-Gelelektrophorese kompatibel ist.

4.9.2 Proteinquantifizierung mit Bradford Reagenz

Die Proteinmenge wurde mit dem Bradford Reagenz in einem doppelten Messansatz bestimmt.

1 ml Ansatz:
Proteinlösung	2 µl
aqua dest.	800 µl
Bradford-Reagenz	200 µl

Der Ansatz wurde gemischt und die Absorption nach 5 min gegen einen Leerwert (800 µl Wasser+200 µl Bradford Reagenz) bei 595 nm am UV/VIS-Spektrometer vermessen. Die Proteinmenge konnte anhand einer Eichkurve ermittelt werden. Die Eichkurve wurde mit verschiedenen Konzentrationen BSA (in RIPA-Puffer) im zu erwartenden Konzentrationsbereich erstellt.

4.10 Proteom-Analyse

Die 2D-Gelelektrophorese, sowie die sich anschließende LC-MS/MS Analyse wurden in Kooperation mit der Arbeitsgruppe von Prof. Paul A. Fowler und Dr. Txaro Amezaga vom *Centre for Reproductive Endocrinology & Medicine* der *University of Aberdeen* (Schottland) durchgeführt.

In Aberdeen wurden die unter 4.9.1 isolierten Proteinproben für die 2D-Gelelektrophorese (2-DE) mit dem ReadyPrep 2D-Cleanup Kit (Bio-Rad Laboratories GmbH, Deutschland) nach Herstellerangaben weiter aufgereinigt. Dabei wurden Salze und andere Kontaminanten aus vorherigen Extraktionsschritten entfernt.

Die löslichen Proteine wurden anschließend mittels 2D-Gelelektrophorese in technischen Quadruplikaten je Behandlung aufgetrennt. Die Protein-Trennung in der ersten Dimension wurde mit 7 cm pH 3-10 NL immobilisierenden pH Gradienten-Strips (GE Healthcare, Uppsala, Schweden) durchgeführt. Für die zweite Dimension wurden die Proteine auf NuPAGE 4-12 % Gelen (Invitrogen Ltd, Paisley, UK) wieder mobilisiert. Die Gele wurden anschließend mit *Coomassie Brilliant Blue* G250 gefärbt und mittels GE Healthcare Image Scanner III (GE Healthcare, Buckinghamshire, UK) gescannt.

Die 2-DE Bilder der Quadruplikate pro Behandlung wurden mit der Progenesis SameSpots v4.5 Software (Nonlinear Dynamics, Newcastle upon Tyne, UK) analysiert. Das automatisierte und interaktive Programm erlaubt die Detektion und Quantifizierung von gleichen Protein-Spots sowie Protein-Profilen in einer Serie von Gelen. Individuelle Spotvolumina wurden als normalisierte Volumina ausgegeben, um potentielle analytische Artefakte durch unterschiedliche Protein-Beladung oder Migration zu minimieren. Die Software wurde genutzt, um die Quadruplikate zu kombinieren und einen fold-change und die statistische Signifikanz (ANOVA mit log-normalisierten Werten) zu berechnen.

4.11 LC-MS/MS

Kriterien für die Analyse der Protein-Spots in der LC-MS/MS waren: (i) statistisch signifikante Unterschiede in der Expression, (ii) einheitliche Detektion in allen Gelen und (iii) Reproduzierbarkeit zwischen Replikaten. Ausgewählte Proteinspots wurden manuell ausgeschnitten und mit Trypsin in einem Investigator Progest Roboter verdaut (sequencing grade, modified; Promega UK, Southampton, UK). Die Proteine wurden hierzu mit DTT (60°C, 20 min) reduziert, mit Iodoacetamid S-alkyliert (20°C, 10 min) und anschließend mit Trypsin verdaut (37°C, 8h). Die resultierenden tryptischen Peptid-Extrakte wurden durch rotierende Verdunstung getrocknet und für die LC-MS/MS-Analyse in 0.1 %iger Ameisensäure gelöst. Die Peptid-Lösungen wurden in einem HCTultra PTM Discovery System (Dionex (UK) Ltd., Camberly, Surrey, UK) analysiert, gekoppelt an ein UltiMate 3000 LC System (Dionex (UK) Ltd., Camberley, Surrey, UK).

Die Peptide wurden über eine Monolithic Capillary Säule (200 μm i.d. x 5 cm; Dionex part no. 161409) separiert. Die Eluenten waren: (i) Eluent A, 3 % Acetonitril in Wasser mit 0.05 % Ameisensäure; (ii) Eluent B, 80 % Acetonitril in Wasser mit 0.04 % Ameisensäure mit einem Gradienten von 3 - 45 % B in 12 min und einer Flussrate von 2.5 μl/min. Die Massenspektren der Peptid-Fragmente wurden mit dem Daten-abhängigen AutoMS(2) Modus mit einer *Scan Range* von 300-1500 m/z, drei Mittelwerten und bis zu drei Vorläuferionen (ausgewählt vom MS Scan 100-2200 m/z), aufgenommen. Vorläufer sowie alle einfach geladenen Ionen wurden aktiv in einem 1.0 min Fenster ausgeschlossen.

Peptid-Peaks wurden mittels Datenanalyse-Software (Bruker) detektiert und automatisch dekonvolutiert. Masse-Listen in Form von Mascot Generic Files wurden automatisch erstellt und als Input für die Mascot MS/MS Ions Suche in der NCBInr Datenbank über den Matrix Science Web Server (www.matrixscience.com) genutzt.

Folgende Suchparameter wurden eingegeben: Enzyme=Trypsin, Max. Missed cleavages = 1; Fixed modifications = Carbamidomethyl (C); Variable modifications = Oxidation (M); Peptide tolerance ± 1.5 kDA; MS/MS tolerance ± 0.5 Da; Peptide charge = 2+ and 3+; Instrument = ESI-TRAP. Nur Proteine, welche eine gute Übereinstimmung mit der Masse und der pI auf dem 2-DE Gel, statistisch signifikante MOWSE Scores, mindestens ein Peptid mit signifikanten Ion Scores und guter Sequenz-Abdeckung besaßen, wurden als positiv identifiziert.

4.12 Methylierungs-Analysen
4.12.1 Luminometric Methylation Assay (LUMA)

Der *Luminometric Methylation Assay* wurde in Zusammenarbeit mit der Arbeitsgruppe von Frau Prof. Claudine Junien vom INRA in Jouy-en-Josas (Frankreich) durchgeführt.

Der LUMA ist eine Methode zum Nachweis des globalen Methylierungstatus genomischer DNA. Genomische DNA von differenzierten Kardiomyzten wurde mit einem Kit von Qiagen (AllPrep DNA/RNA/Protein Mini Kit) isoliert (siehe 4.9.1).

Am INRA-Institut wurden anschließend 200-500 ng DNA zunächst mit einem Paar isoschizomerer Endonukleasen, *Hpa*II und *Msp*I, geschnitten. Das Protokoll wurde wie von Karimi und Kollegen beschrieben durchgeführt (Karimi et al., 2006). Beide Enzyme schneiden in der Zielsequenz CCGG, wobei *Hpa*II nicht schneidet, wenn das interne Cytosin methyliert ist (C^mCGG). Als interner Standard wurde *Eco*RI verwendet. *Msp*I und *Hpa*II hinterlassen 5'-CG Überhänge, während EcoRI 5'-AATT Überhänge produziert. Diese Überhänge wurden in einem PCR Assay durch schrittweises

Einfügen von dNTPs gefüllt. Eine erfolgreiche Verlängerung um ein dNTP führte zur Freisetzung eines Pyrophosphats (PPi), welches durch ATP-Sulfurylase und Adenosin-5'-Phosphat in ATP umgewandelt wurde. Anschließend wurde Luciferin durch Luciferase + ATP in Oxylluciferen umgewandelt. Diese Reaktion erzeugte sichtbares Licht, welches durch eine spezielle Kamera detektiert wurde. Das Einfügen von dNTPs erfolgte in vier Schritten (Schritt 1: dATPαS; Schritt 2: dGTP + dCTP; Schritt 3: dTTP und Schritt 4: dGTP + dCTP) (Abbildung 11).

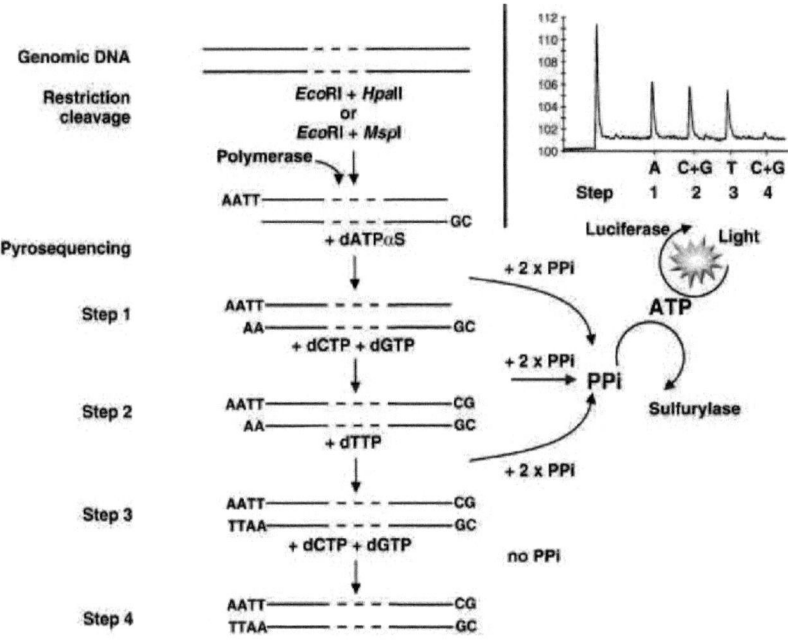

Abbildung 11: Schematischer Ablauf des LUMA Assays (Karimi et al., 2006).

Eine Aussage über den globalen Methylierungsstatus ergibt sich über die *Hpa*II/*Msp*I Ratio, welche wie folgt berechnet wurde:

(*Hpa*II/*Eco*RI) / (*Msp*I/*Eco*RI). Genomische DNA wird als komplett unmethyliert bezeichnet, wenn die *Hpa*II/*Msp*I Ratio = 1.0 ist. Ist sie hingegen =0, so spricht man von komplett methylierter DNA.

4.12.2 DNA-Methylierungsanalyse mittels Pyrosequenzierung

Die Pyrosequenzierung wurde in Kooperation mit Dr. Lydia Wing Kwong im Labor von Prof. Kevin Sinclair im Institut *Developmental Biology* der *University of Nottingham* (UK) durchgeführt.

Die Pyrosequenzierung ist eine Methode zum Nachweis von methylierten CpGs in CpG-Inseln spezifischer Promotoregionen. Die DNA wird zunächst mit Bisulfit behandelt, wodurch es zur Konversion von unmethyliertem Cytosin in Uracil kommt. In der nachfolgenden Sequenzierung werden an diesen Stellen TG-Dimere anstelle von CG- Dimeren identifiziert. Methyliertes Cytosin hingegen bleibt unverändert und wird somit als CG-Dimer identifiziert (Abbildung 12).

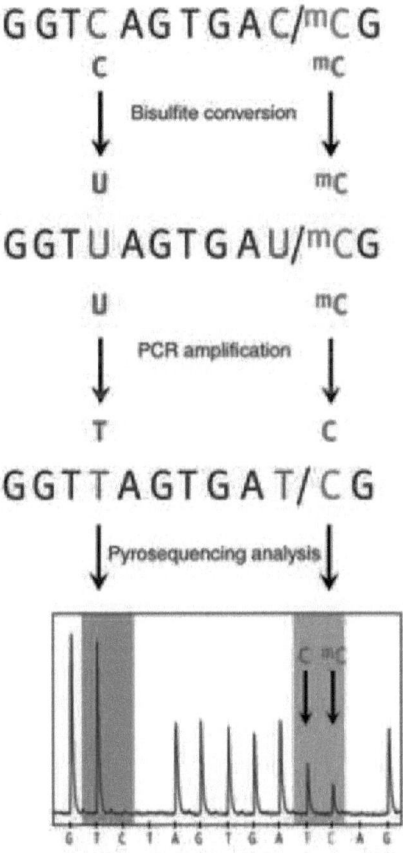

Abbildung 12: Schematische Darstellung der Bisulfit-Behandlung genomischer DNA (England und Pettersson 2005).

Die Bisulfit-Behandlung genomischer DNA (600 ng) wurde mit dem EpiTect Bisulphite Kit (Qiagen) durchgeführt. Nachfolgend wurde die desulfonierte, Bisulfit-behandelte DNA in 25 µl Puffer EB eluiert. Wiederum 5 µl dieser Bisulfit-behandelten DNA wurden in die folgende PCR-Reaktion mit 25 µl HotStar Taq Master Mix (Qiagen) eingesetzt.

Das Prinzip der Pyrosequenzierung beruht auf der klassischen Sanger-Sequenzierung. Der Unterschied ist, dass das zur Verlängerung des Sequenzierprimers jeweils einzubauende Nukleotid nicht im Reaktionsansatz vorliegt, sondern separat hinzu pipettiert wird (automatisch). Das anschließend beim Nukleotideinbau freigesetzte Pyrophosphat (PPi) aktiviert eine enzymatische Kaskade, die zur Generierung eines Lichtblitzes führt, dessen Stärke direkt proportional der Menge an eingebautem Nukleotid ist. Bevor das nächste Nukleotid hinzu pipettiert wird, baut die Apyrase überschüssiges Nukleotid ab.

4.12.3 Primerdesign für die Pyrosequenzierung

Für Ppara wurden Primer gewählt, welche eine Region in einer 1808 bp großen CpG Insel von 373 bp amplifizierten. Die CpG Insel überspannte das Start-Codon sowie das Exon 1 des Gens. Die 373 bp große Region enthielt differentiell methylierte Sequenzen, welche zuvor in Ratten untersucht worden waren und zeigten, dass diese gegenüber Umwelteinflüssen sensitiv waren (Lillycrop et al., 2008).

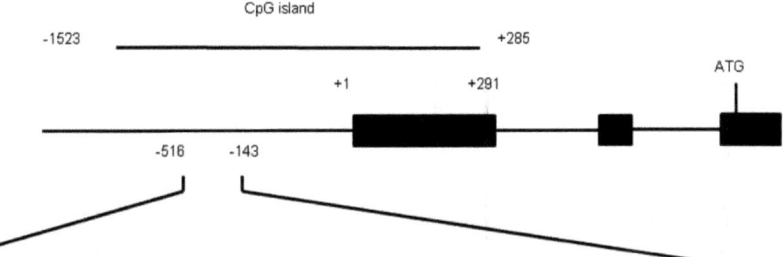

ATGGGCATCGAGGAGAGCTGCCCCGGGCCTCTTAGGCCCCGC
CCTCCCC CAGCAGCCAATCAGACACTGCCGTCCAGGGGGT
GTGTCTCGCCCTGAGCCGGGGCCCGGGCCTAGGGGGCGGAG
TTTCCGGGGCGGTCA****CCTCGCCGCGGGACCCCGCAGGGG
ACGTCCGAGGGGCGGCGCGTGTCGTGGGGGCGCGGCTGGCA
****CGGGCGCGCGTAGGCGGTGCCGGGCCGGGGCCCCGGAC
GCTACGGTCCCACGACAGGGGTGACGGGGGCGGAGGCAGCC
GCTTACGCCCCTCCTGGCGCCTCCTCCTGGGCGCGCT****TGG
CCCTGCGGACCCGCAGGCGGAGTGCAGCCTCAGGTGCCCAG
GGGCTGGA

Abbildung 13: Untersuchte CpG Insel des Gens Ppara - Gelb hervorgehoben – Primer für PCR; Grün hervorgehoben – erster Sequenzierungsprimer (In Tabelle 5 mit SP1050 codiert); Blau hervorgehoben – zweiter Sequenzierungsprimer (In Tabelle 5 mit SP1156 codiert); Grau hervorgehoben - dritter Sequenzierungsprimer (In Tabelle 5 mit SP1256 codiert); **** Stop für ersten Sequenzierungsprimer; **** Stop für zweiten Sequenzierungsprimer; **** Stop für dritten Sequenzierungsprimer.

Die Primer für Pparg1 amplifizierten ein 240 bp großes Produkt innerhalb einer 791 bp großen CpG Insel, welches ebenfalls das Start-Codon sowie das Exon 1 des Gens überspannte. Die ausgewählte Region war besonders reich an CpGs.

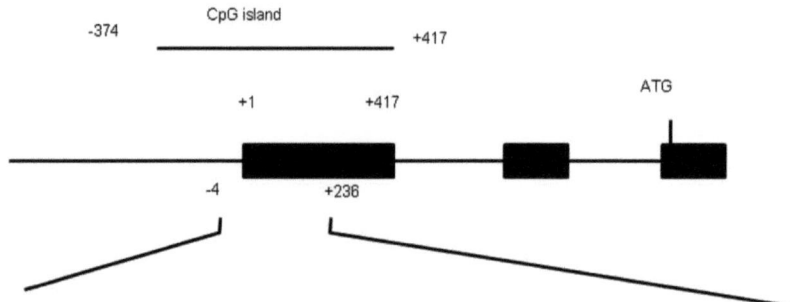

GGGGCCTCCGGCCTCACCCTGGGCACCGCCCCGGTCCGGC
CGGGTGGCTCGGCTCGGCTCCTCTGGTCCGCGGCGGGCCAG
GCGGGGCCCGTCGCACTCAGAGCGGCAGCCGCCTGGGGCGC
TCGGGTCGGGTCG****GCCTCACCGACGCACAGCACCCGCCAA
GCCGCCGCCTCAGGTCAGAGTCGCCCCGGGCCACGCGGCCC
GCCGGAGGGACGCG****GAAGAAGAGACCTGGGGCGCTG

Abbildung 14: Untersuchte CpG Insel des Gens Pparg1 - Gelb hervorgehoben – Primer für PCR; Der Forward Primer wurde auch als erster Sequenzierungsprimer verwendet (In Tabelle 5 mit SP642 codiert); Grün hervorgehoben – zweiter Sequenzierungsprimer (In Tabelle 5 mit SP779 codiert); **** Stop für ersten Sequenzierungsprimer; **** Stop für zweiten Sequenzierungsprimer; C in Datenbank (NCBI) aber in der untersuchten P19-Zelllinie ein G; C in der Datenbank (NCBI) aber ein T in P19-Zellen.

Die Primer für Slc2a4 amplifizierten ein Produkt mit einer Größe von 232 bp. Dieses Produkt lag in einer 518 bp großen CpG Insel und überspannte das Start-Codon sowie das Exon 1 des Gens. Differentielle Methylierung in dieser Region wurde bereits in 3T3-L1 Zellen gezeigt (Yokomori et al. 1999).

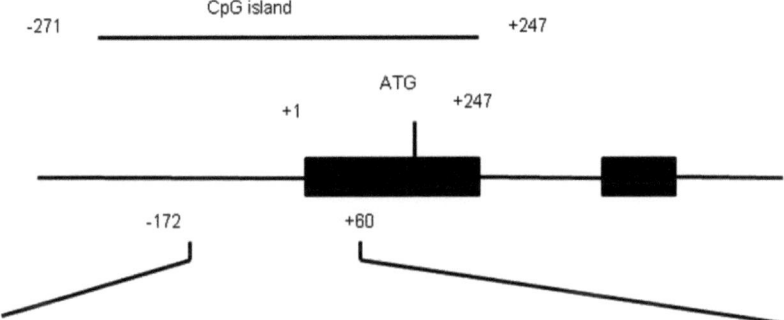

ACCTTAGGGGCGTGT<u>CTCCCCAGCCAGCAC</u>TAGGGCTAGGGG
TGGGGGCGTGGCCTTTTGGGGTGTGCGGGCTCCTGGCCAATG
GGTGTTGTGAAGGGCGTGTCCTATGGCGGGGCGGGAG****TG
GGGAGGTGGCTTCAGCTCTCCGCATCTTTCCCCCTCAAGCGG
GTCTCACTAGATCCCGGAGAGCCTTGGTGCTCTCCGGTTCCGT
G****GGTTGTGGCAGTGAGTCCCAC

Abbildung 15: Untersuchte CpG Insel des Gens Slc2a4 - Gelb hervorgehoben – Primer für PCR; Grün unterstrichen - erster Sequenzierungsprimer (In Tabelle 5 mit SP469 codiert); Blau hervorgehoben – zweiter Sequenzierungsprimer (In Tabelle 5 mit SP578 codiert); **** Stop für ersten Sequenzierungsprimer; **** Stop für zweiten Sequenzierungsprimer.

Die Primerkonzentration betrug je Primer 10 pmol und der *Reverse* Primer war jeweils biotinyliert. Die Primersequenzen und *Annealing-*Temperaturen sind in Tabelle 5 zusammengestellt. Die PCR erfolgte nach folgendem Protokoll: 95°C für 15 min, 45 Zyklen bei 94 °C für jeweils 30 s, *Annealing* bei spezifischen Temperaturen für 30 s, gefolgt von der *Extension* bei 72°C für 30 s. Die abschließende *Extension* erfolgte bei 72°C für 10 min.

Die PCR Produkte (8 µl) wurden auf einem 1.2 %-igen Agarosegel auf ihre Spezifität hin untersucht. Für die Methylierungsanalyse mittels Pyrosequenzierung wurden 15-25 µl des PCR Produkts eingesetzt. Einzelstrang-Template für die Pyrosequenzierung wurde mit der PyroMark Q24 Vacuum Prep Workstation (Qiagen) isoliert. Hierfür wurden die Biotin-gelabelten PCR-Produkte durch Streptavidin Sepharose *high performance beads* (GE Healthcare) in Anwesenheit von Binde-Puffer (Qiagen) gebunden und anschließend mit 70 % Ethanol, Denaturierungslösung (Qiagen) und Waschpuffer (Qiagen) gewaschen. Einzelsträngige DNA wurde dann bei 80 °C mit 0.3 µM Sequenzierungsprimer in 25 µl *Annealing* Puffer (Qiagen) zur Bindung gebracht. Die Pyrosequenzierung wurde mit dem PyroMark Q24 System von Qiagen durchgeführt. Die prozentuale Cytosin-Methylierung an individuellen CpGs wurde mit der PyroMark Q24 2.0.6 Software ausgewertet.

Als Standard-Kontrollen wurden bekannte Konzentrationen methylierter und unmethylierter DNA gemischt und ebenfalls in der Bisulfit-Behandlung und der Pyrosequenzierung mitgeführt. Methylierte und unmethylierte DNA wurden entsprechend des Protokolls von Tost und Gut hergestellt (Tost et al. 2007).

Die Datenanalyse erfolgte mittels ANOVA (*randomised block design*). Die Daten wurden zuvor auf Normalverteilung und Homogenität der Varianz hin kontrolliert.

Tabelle 5: Primer-Sequenzen und PCR Reaktions-Bedingungen

Gen	Forward Primer (5'-3')	Reverse Primer (5' Biotin-3')	Produkt-größe	Annealing Temperatur (°C)	Magnesium Konzentration (mM)	Pyrosequenzierungs-Primer (5'-3')	
Ppara	ATGGGTATYGAG GAGAGTTGTT	TCCAACCCCTAAAC ACCTAAAACT	373	55	2	TTTTTYGTAGTAGTAATTAGAT GGGATTYGTAGGGGA GTTTAYGATAGGGGTGA	SP1050 SP1156 SP1256
Pparg1	GGGGTTTYGGTT TTATTTGGGTA	CAACRCCCCAAATC TCTTCTTCC	240	52	1.5	GGGGTTTYGGTTTATTTGGGTA GTTTTATYGAYGTATAGTAT	SP642 SP779
Slc2a4	ATTTTAGGGGYGT GTTTTTAGTTA GTAT	ATAAAACTCACTAC CACAACC	253	52	1.5	TTTTTAGTTAGTATTAGGGTTAG GGGAGGTGGTTTTAG	SP469 SP578

5. Ergebnisse

5.1 Bestimmung der Transkriptmenge der Kardiomyozyten-Marker Myh6 und Gja1

Die P19-ECC wurden zunächst unter Standardbedingungen (ohne Behandlung) in Kardiomyozyten differenziert. Anhand der zu verschiedenen Zeitpunkten gewonnenen mRNA wurde mittels qRT-PCR die Expression der Kardiomyozyten-Marker im Verlauf der Differenzierung analysiert.

Die Transkriptmenge des kardialen Markers Myh6 stieg ab Tag 7 der Differenzierung stark an. Dem Tag der höchsten Myh6-Expression, am Kulturtag 15, folgte ein Abfall um ca. 85 % am Tag 20 der Differenzierung (Abbildung 16, A).

Die Expression des Connexin 43 (Gja1) lag bereits am Tag 5 relativ hoch, da dies auch ein Marker für embryonale Stammzellen ist. Zwischen Tag 7 und 10 kam es zu einer Reduktion der Expression um ca. 30 %, gefolgt von einem erneuten Anstieg am Tag 15 der Differenzierung um ca. 35 %. Anschließend fiel am Kulturtag 20 die Gja1-Expression auf ca. 55 % der Menge von Tag 15 ab (Abbildung 16, B). Myh6 wurde im Vergleich zu Gja1 um bis zu 11-fach höher exprimiert. Dieser Verlauf zeigte eine deutliche Differenzierung der P19-ECC zu Kardiomyozyten zwischen dem 7. und dem 15. Kulturtag.

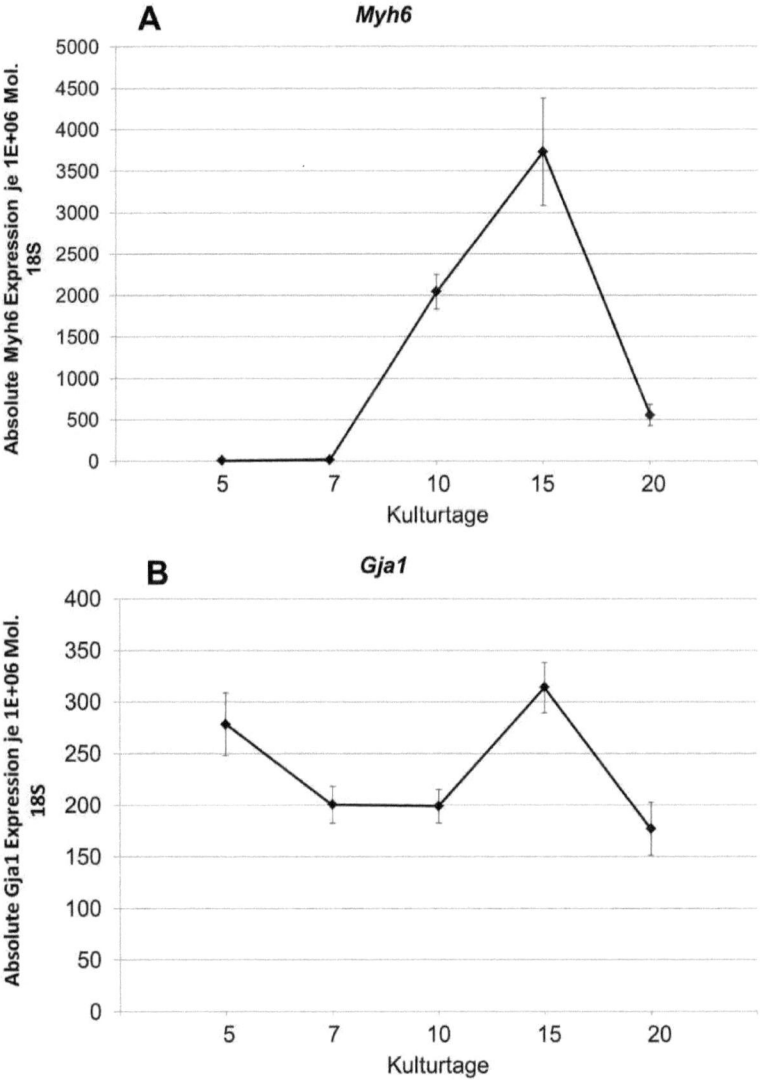

Abbildung 16: Bestimmung der absoluten Transkriptmenge der kardialen Markergene im Verlauf der Differenzierung - Die Abbildung zeigt die absolute Transkriptmenge von (A) *Myh6* und (B) *Gja1* im Verlauf der Differenzierung, welche mittels qRT-PCR ermittelt wurde. N=3.

5.1.1 Bestimmung der Transkriptmenge der PPARs und ihrer *Downstream*-Gene im P19-ECC Stammzellmodell

Zunächst wurde die Expression der molekularen Marker im Verlauf der Differenzierung analysiert.

Sowohl Ppara als auch Pparg stiegen im Verlauf der Differenzierung der P19-ECC an und wurden am Tag 15 am höchsten exprimiert, gefolgt von einem Abfall der Expression um ca. 70 % bei Ppara und ca. 50 % bei Pparg am Tag 20 (Abbildung 17). Pparg wurde im Vergleich zu Ppara bis zu 6-fach höher exprimiert und folgte im Wesentlichen dem Expressionsverlauf von Myh6.

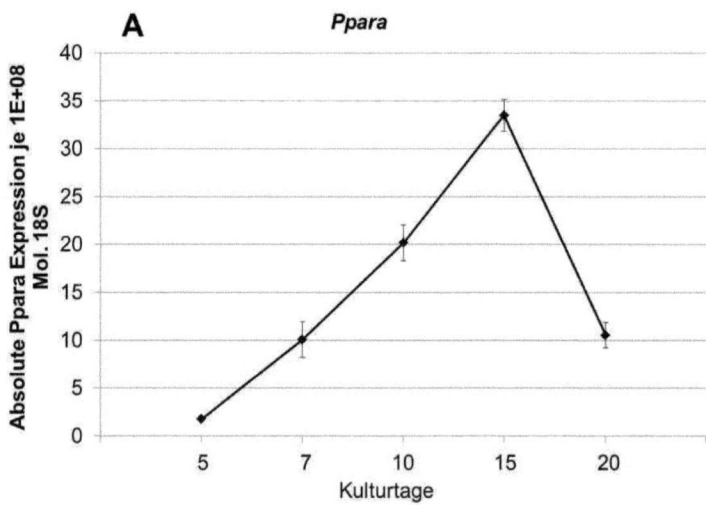

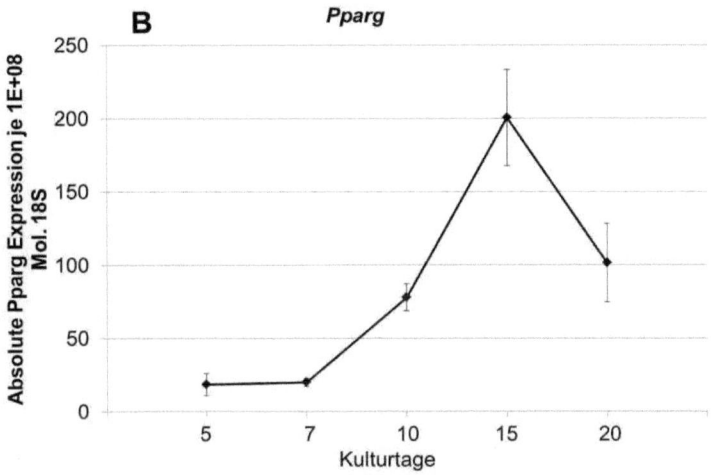

Abbildung 17: Bestimmung der absoluten Transkriptmenge der PPARs im Verlauf der Differenzierung - Die Abbildung zeigt die absolute Transkriptmenge von (A) *Ppara* und (B) *Pparg* im Verlauf der Differenzierung, welche mittels qRT-PCR ermittelt wurde. N=3.

Die PPAR *Downstream*-Gene Fabp4 und Slc2a4 zeigten einen ähnlichen Verlauf der Transkriptmenge wie die PPARs. Die Expression stieg in beiden Fällen im Verlauf der Differenzierung an und erreichte ihren Höhepunkt am Tag 15 der Differenzierung. Anschließend kam es zu einer Reduktion der Transkriptmengeum ca. 60 % bei Fabp4 und ca. 70 % bei Slc2a4 am Kulturtag 20 (Abbildung 18). Slc2a4 wurde bis 4.5-fach höher exprimiert als Fabp4.

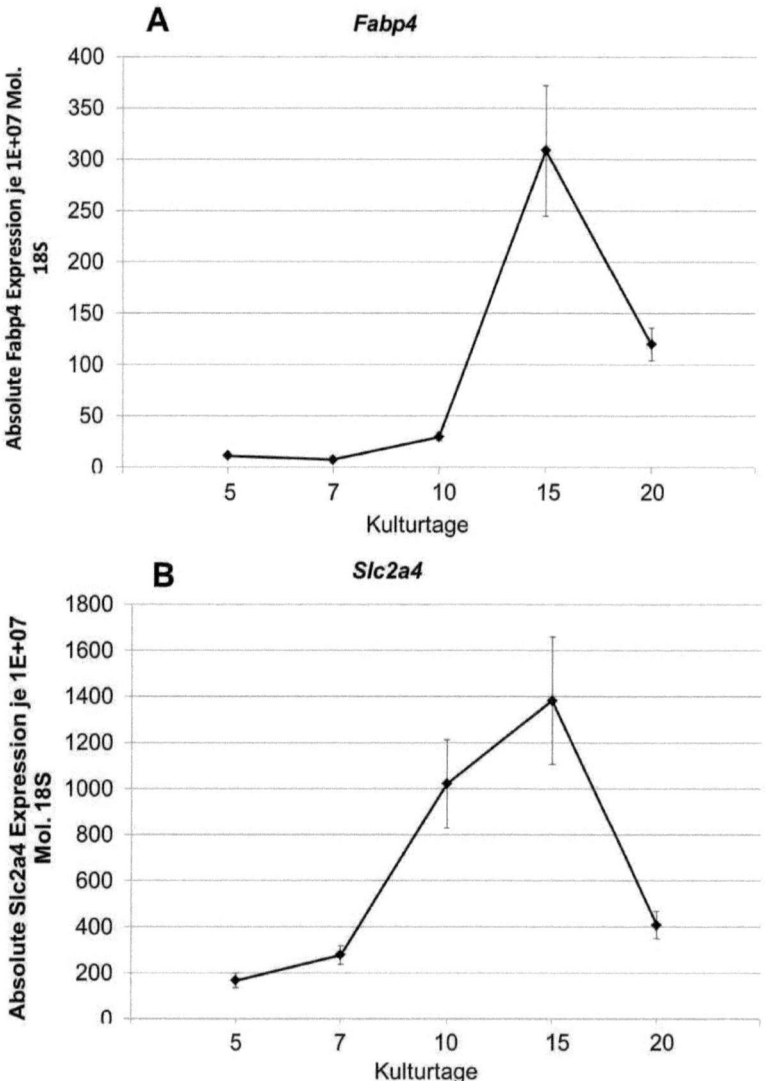

Abbildung 18: Bestimmung der absoluten Transkriptmenge der PPAR *Downstream*-Gene Fabp4 und Slc2a4 im Verlauf der Differenzierung - Die Abbildung zeigt die absolute Transkriptmenge von (A) *Fabp4* und (B) *Slc2a4* im Verlauf der Differenzierung, welche mittels qRT-PCR ermittlet wurde. N=3.

5.1.2 Bestimmung der Transkriptmenge methylierungsspezifischer Markergene im 19-ECC Stammzellmodell

Wie zuvor wurde zunächst die Expression der methylierungsspezifischen Markergene im Verlauf der Differenzierung bei P19-ECC analysiert.

Die Transkriptmenge von Dnmt1 war bereits im undifferenzierten Stadium der Zellen recht hoch, stieg zwischen Tag 5 und 7 zunächst weiter an und hielt dieses Level bis Tag 10 der Differenzierung. Zwischen Tag 10 und 20 kam es zu einer kontinuierlichen Reduktion der Expression um ca. 60 % (Abbildung 19, A).

Die Dnmt3a-Expression war ebenfalls bereits im undifferenzierten Stadium sehr hoch und fiel zwischen Tag 5 und 10 kontinuierlich ab. Ab Kulturtag 10 stieg die Expression wieder an und erreichte am Tag 15 das höchste Niveau. Anschließend fiel die Transkriptmenge um ca. 70 % am Tag 20 ab (Abbildung 19, B).

Bereits in den undifferenzierten P19-ECC war eine relativ hohe Hdac1-Expression zu messen. Im Verlauf der Differenzierung nahm diese bis Kulturtag 20 stetig bis auf 30 % ab (Abbildung 19).

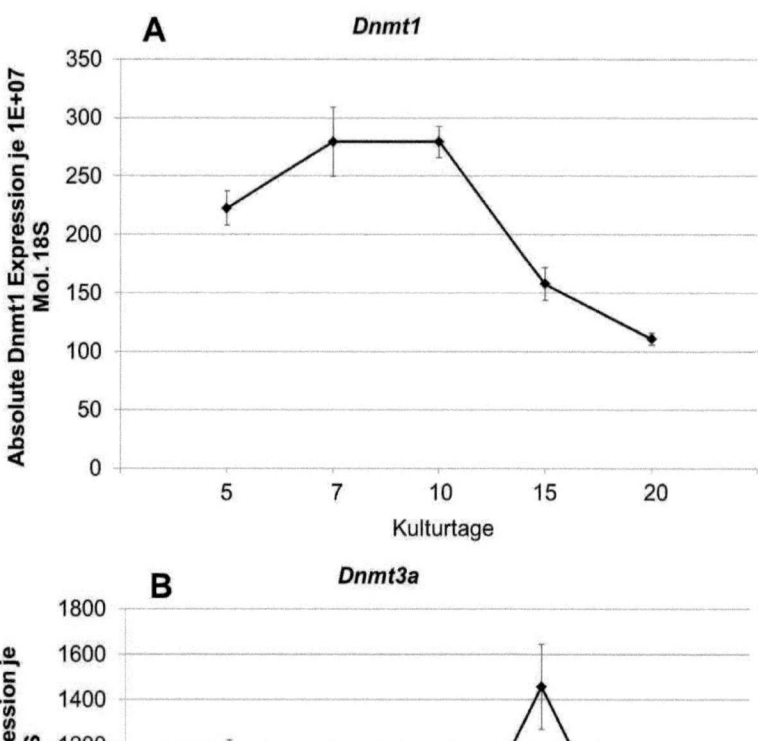
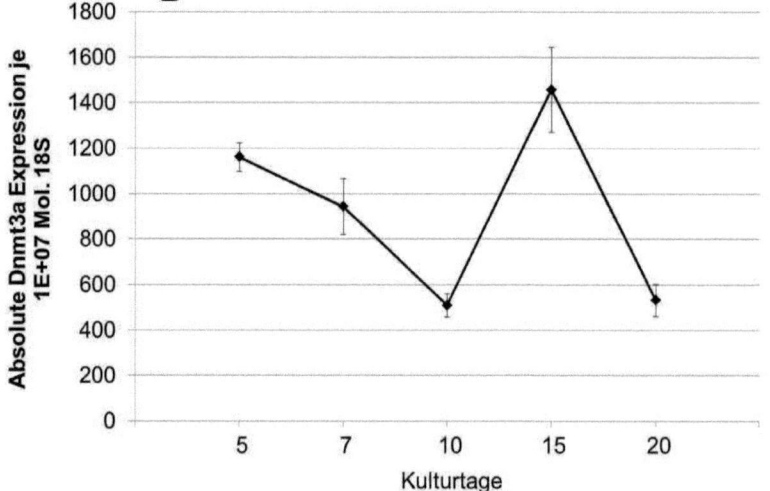

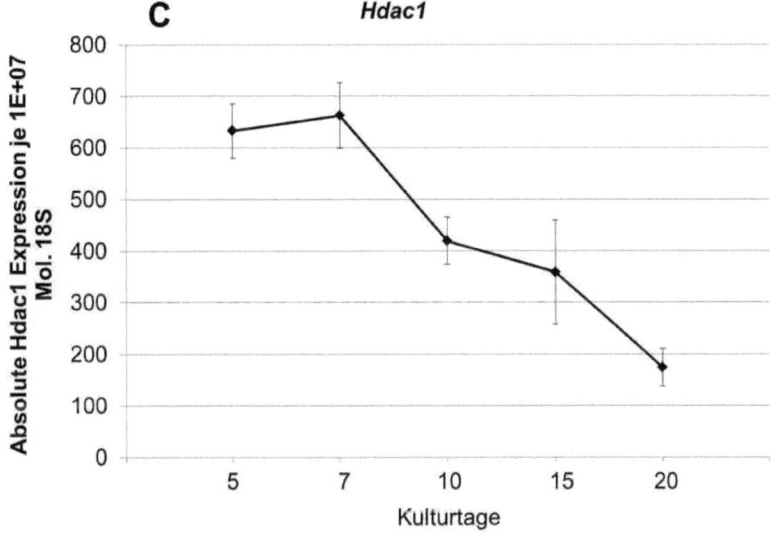

Abbildung 19: Bestimmung der absoluten Transkriptmenge methylierungsspezifischer Markergene im Verlauf der Differenzierung - Die Abbildung zeigt die absolute Transkriptmenge von (A) *Dnmt1*, (B) *Dnmt3a* und (C) *Hdac1* im Verlauf der Differenzierung, welche mittels qRT-PCR ermittlet wurde. N=3.

5.2 DEHP-Exposition der P19-ECC

5.2.1 Bestimmung der Transkriptmenge von kardialen Markergenen in differenzierenden P19-ECC nach DEHP-Exposition

P19-ECC wurden in den ersten 4 Tagen des undifferenzierten Wachstums mit verschiedenen Konzentrationen [5, 50, 100 µg/ml] des Weichmachers DEHP behandelt. Anschließend wurden die Zellen in einem hängenden Tropfen-Ansatz mit 1 % DMSO als Differenzierungssignal inkubiert und nach 48 h als EB weiterkultiviert. Zu verschiedenen Zeitpunkten der Differenzierung (5d, 7d, 10d, 15d und 20d) wurden Proben (RNA, Protein, DNA) genommen (Abbildung 20). Die Versuche wurden jeweils 3 Mal wiederholt (N=3).

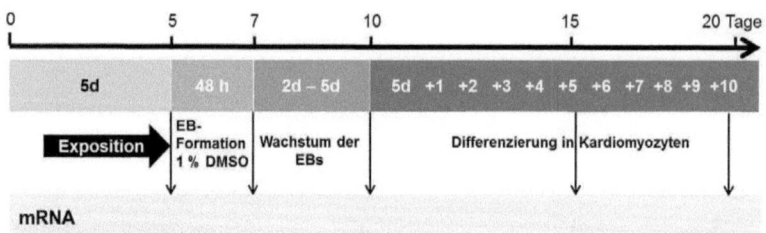

Abbildung 20: Schema der Kultivierung und Probennahme im P19-ECC Stammzellmodell - Das Schema zeigt das Differenzierungsprotokoll der P19-ECC in Kardiomyozyten sowie die Zeitpunkte von Probenahmen (Pfeile). d=Tage; DMSO=Dimethylsulfoxid; EB=*Embryoid Body*.

Die Exposition der Zellen mit der höchsten Dosierung DEHP [100 µg/ml] führte zu einer signifikanten Erhöhung der Expression von Myh6 am Kulturtag 15 sowie zu einer signifikanten Reduktion der Expression von Myh6 und Gja1 am Kulturtag 20.

Bei der Exposition der Zellen mit 50 µg/ml DEHP kam es zu einer signifikanten Erhöhung der Expression von Myh6 an den Tagen 15 und 20, sowie von Gja1 am Tag 15 der Differenzierung.

Die Behandlung mit 5 µg/ml DEHP führte einer signifikanten Erhöhung der Expression von Myh6 am Kulturtag 10 (Abbildung 21).

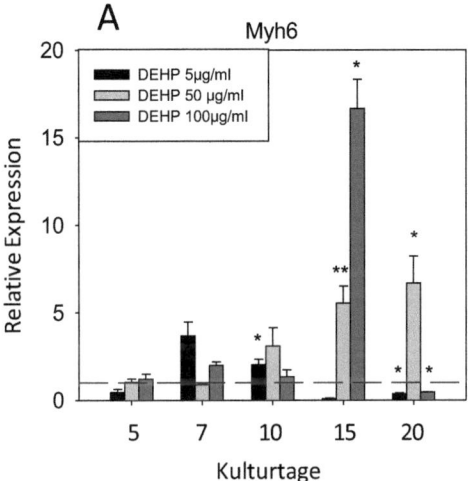

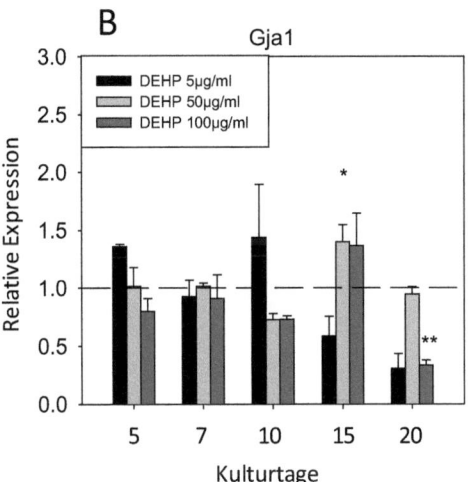

Abbildung 21: Bestimmung der relativen Transkriptmenge der kardialen Markergene nach DEHP-Exposition - Die Transkriptmenge der dargestellten Gene wurde mittels qRT-PCR quantifiziert. Gezeigt ist die relative Transkriptmenge von (A) *Myh6* und (B) *Gja1* bezogen auf die Vehikel-Kontrolle (DMSO), welche 1 gesetzt wurde und im Diagramm als gestrichelte Linie dargestellt ist. N=3; P≤0.05 *; P≤0.01 **; P≤0.001; *student's T-test*.

5.2.2 Bestimmung der Transkriptmenge der PPARs und ihrer *Downstream*-Gene in differenzierenden 19-ECC nach DEHP-Exposition

Mittels quantitativer Real-Time PCR (qRT-PCR) wurde die Transkriptmenge der PPARs (Ppara, Pparg) sowie derer *Downstream*-Gene (Slc2a4, Fabp4) gemessen.

Die Exposition der Zellen mit der höchsten Dosierung DEHP [100 µg/ml] führte zu signifikanten Erhöhungen der Expression von Ppara am Kulturtag 10 und Pparg am Kulturtag 15. Es folgte eine signifikante Reduktion der Expression von Pparg am Tag 20.

Bei der Exposition der Zellen mit 50 µg/ml DEHP kam es zu einer signifikanten Erhöhung der Expression von Ppara an den Kulturtagen 5, 7 und 15 und von Pparg an den Tagen 15 und 20 der Differenzierung. Die Behandlung mit 5 µg/ml DEHP führte zu einer Reduktion der Expression von Ppara am Tag 20 sowie zu einer signifikanten Erhöhung der Expression von Pparg am Tag 10 der Differenzierung (Abbildung 22).

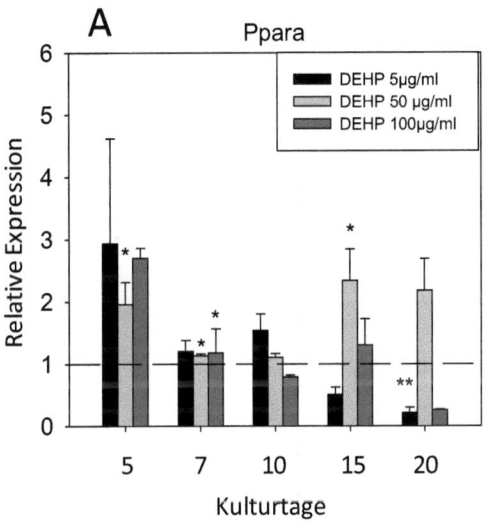

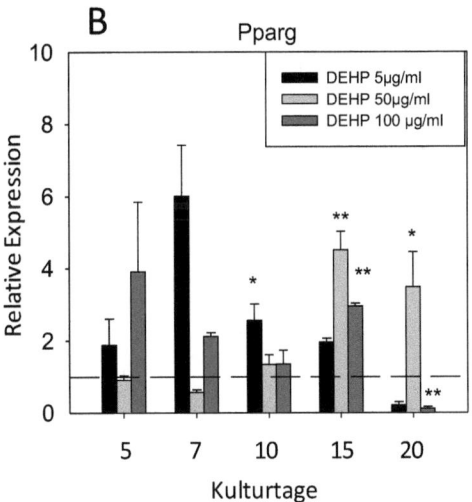

Abbildung 22: Bestimmung der relativen Transkriptmenge der PPARs nach DEHP-Exposition - Die Transkriptmenge der dargestellten Gene wurde mittels qRT-PCR quantifiziert. Gezeigt ist die relative Transkriptmenge von (A) *Ppara* und (B) *Pparg* bezogen auf die Vehikel-Kontrolle (DMSO), welche 1 gesetzt wurde und im Diagramm als gestrichelte Linie dargestellt ist. N=3; P≤0.05 *; P≤0.01 **; P≤0.001; *student's T-test*.

Die Exposition der Zellen mit der höchsten Dosierung DEHP [100 µg/ml] führte bei den PPAR *Downstream*-Genen zu einer signifikanten Erhöhung der Expression von Fabp4 am Tag 15 sowie zu einer signifikanten Reduktionen der Expression von Slc2a4 und Fabp4 am Tag 20 der Differenzierung.

Bei der Exposition der Zellen mit 50 µg/ml DEHP kam es zu einer signifikanten Erhöhung der Expression von Slc2a4 am Kulturtag 15 und von Fabp4 an den Kulturtagen 15 und 20.

Die Behandlung mit 5 µg/ml DEHP führte zu einer signifikanten Erhöhungen der Expression von Slc2a4 am Tag 10 der Differenzierung (Abbildung 23).

Fabp4 und Slc2a4 folgten in den Behandlungsgruppen im Wesentlichen den Expressionsveränderungen von Ppara und Pparg.

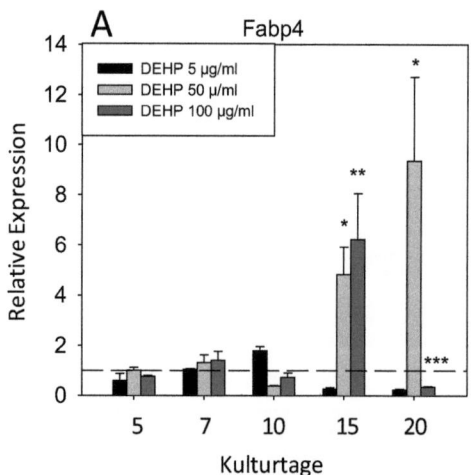

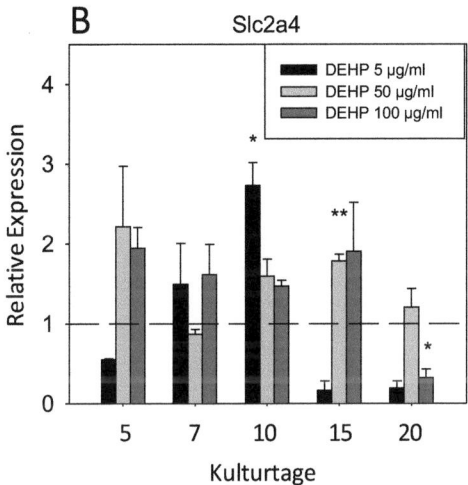

Abbildung 23: Bestimmung der relativen Transkriptmenge der PPAR Downstream-Gene nach DEHP-Exposition - Die Transkriptmengeder dargestellten Gene wurde mittels qRT-PCR quantifiziert. Gezeigt ist die relative Transkriptmenge von (A) Fabp4 und (B) Slc2a4 bezogen auf die Vehikel-Kontrolle (DMSO), welche 1 gesetzt wurde und im Diagramm als gestrichelte Linie dargestellt ist. N=3; P≤0.05 *; P≤0.01 **; P≤0.001; *student's T-test*.

Insgesamt zeigen die DEHP-Expressionsdaten, dass signifikante Veränderungen vor allem zwischen Tag 10 und 20 der Differenzierung stattfanden, also deutlich später als die Exposition, die in der undifferenzierten Phase des Wachstums stattgefunden hatte (bis Kulturtag 5).

Die Unterschiede in den Expressionsraten folgten insgesamt keiner klassischen *dose response* Korrelation. Die stärksten Veränderungen bewirkten die mittlere [50 µg/ml] und die hohe [100 µg/ml] Dosis DEHP, aber auch die niedrige [5 µg/ml] Dosis führte zu signifikanten Expressionsunterschieden. In Abbildung 24 sind Beispiele für verschiedene Dosis-Wirkungs-Kurven dargestellt. Die

Grafiken A und B zeigen einen *Inverted-U-Shape*. In Grafik C ist ein Beispiel für eine lineare Dosis-Wirkungs-Beziehung gezeigt, während Grafik D eine Dosis-Wirkungsbeziehung zeigt, welche anhand der drei gemessenen Konzentrationen nicht zugeordnet werden kann.

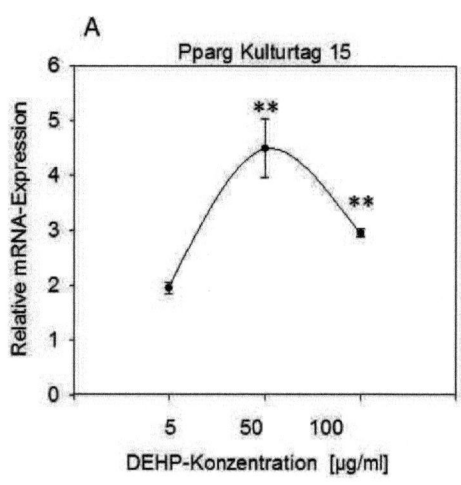

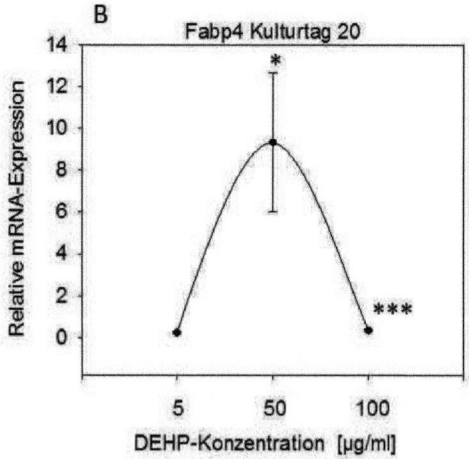

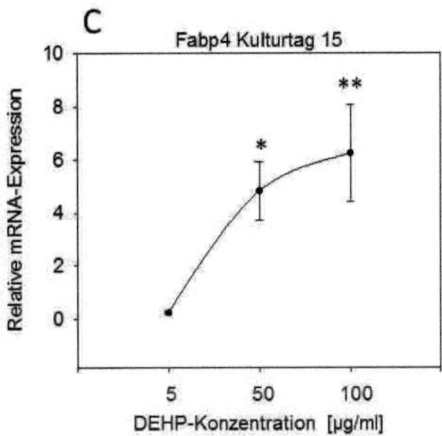

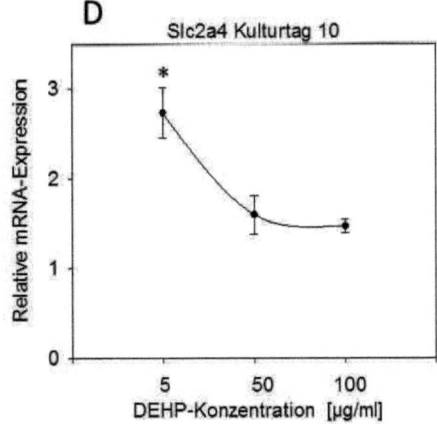

Abbildung 24: Dosis-Wirkungsbeziehungen bei kardiomyogen differenzierten P19-ECC nach DEHP-Exposition - Die Grafiken zeigen verschieden Dosis-Wirkungsbeziehungen nach DEHP-Exposition anhand von 4 Beispielen: (A) *Pparg*-Expression am Kulturtag 15, (B) *Fabp4*-Expression am Kulturtag 20, (C) *Fabp4*-Expression am Kulturtag 15 und (D) *Scl2a4*-Expression am Tag 10. N=3; P≤0.05 *; P≤0.01 **; P≤0.001; *student's T-test.*

5.2.3 Kardiomyogene Differenzierung von P19-ECC nach DEHP- Exposition

Um zu analysieren, ob DEHP einen Einfluss auf die Differenzierungsgeschwindigkeit der Kardiomyozyten hat, wurden mit DEHP-behandelte P19-ECC wie bereits erläutert kultiviert (Exposition im undifferenzierten Wachstum), mit dem Unterschied, dass die EBs in 24 Well-Platten einzeln ausplattiert wurden. Nach dem Ausplattieren wurden die EBs zu drei festgelegten Zeitpunkten unter dem Mikroskop betrachtet um zu zählen, wie viele EBs zu diesen Zeitpunkten (d14, d17, d20) kontraktile Zentren aufwiesen (Abbildung 25). Bei Auftreten eines kontraktilen Zentrums wurde der EB gezählt. Die Anzahl der „schlagenden" EBs diente hierbei als Maß für Differenzierung.

Die mit 50 und 100 µg/ml behandelten Gruppen wiesen bereits ab Tag 17 die maximale Anzahl schlagender EBs auf. Bis zum Tag 20 kamen keine weiteren schlagenden EBs hinzu. Bei den Kontrollen fingen auch nach 17 Tagen neue EBs an zu schlagen. Es zeigte sich, dass 5 µg/ml DEHP zu keinerlei signifikanten Veränderungen in der Differenzierungsgeschwindigkeit der P19-ECC führte. Die mittlere Dosis DEHP [50 µg/ml] führte zu einer beschleunigten bzw. verfrühten Differenzierung der P19-ECC in Kardiomyozyten. Dieser Unterschied manifestierte sich statistisch signifikant am Tag 14. Bei der höchsten Dosis DEHP [100 µg/ml] zeigte sich ebenfalls eine verfrühte Differenzierung, die allerdings erst am Tag 17 signifikant war.

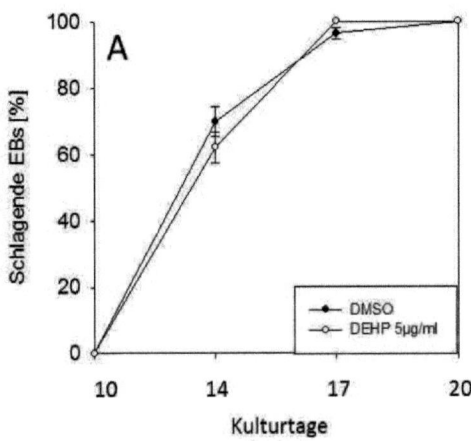

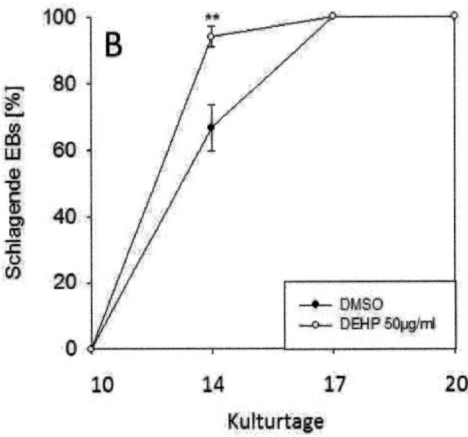

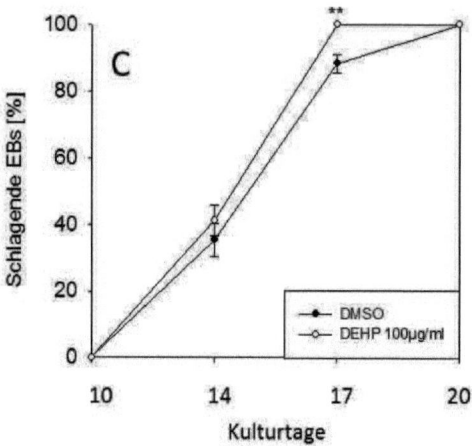

Abbildung 25: Verlauf der Differenzierung von P19-ECC zu schlagenden Kardiomyozyten nach früher DEHP-Exposition - Die P19-ECC wurden in den ersten 4 Tagen des undifferenzierten Wachstums mit verschiedenen DEHP Konzentrationen exponiert (A) 5 µg/ml; (B) 50 µg/ml; (C) 100 µg/ml. Als Kontrolle diente DMSO. Es folgte die Differenzierung nach Standardprotokoll, wobei die EBs einzeln in 24 Well-Platten ausplattiert wurden. An drei Tagen der Differenzierung wurden EBs mit schlagenden Zentren gezählt. N=6; P≤0.01 **; *student's T-test.*

5.2.4 Messung der Schlagfrequenz von Kardiomyozyten nach DEHP-Exposition

Um zu analysieren, ob DEHP einen Einfluss auf die Schlagfrequenz der Kardiomyozyten hat, wurden mit DEHP behandelte P19-ECC als EBs auf Multielectrode Arrays (MEA) (siehe 4.6) einzeln ausplattiert. Bei mikroskopischer Betrachtung konnte bereits visuell eine Erhöhung der Schlagfrequenz bei der mittleren und hohen Expositionsgruppe festgestellt werden. Um diese Beobachtung zu quantifizieren, erfolgte eine Messung der Schlagfrequenz mittels

MEAs. Die Messung erfolgte jeweils am Kulturtag 18 und 19 für 15 Minuten. Es wurde die mittlere Schlagfrequenz pro Minute ermittelt. Dabei zeigte sich an beiden gemessenen Kulturtagen eine signifikante Erhöhung der Schlagfrequenz im Vergleich zur DMSO-Kontrolle, sowohl für die hohe als auch für die mittlere Konzentrationsgruppe (Abbildung 26).

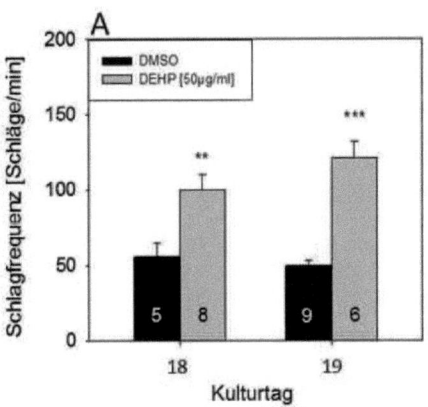

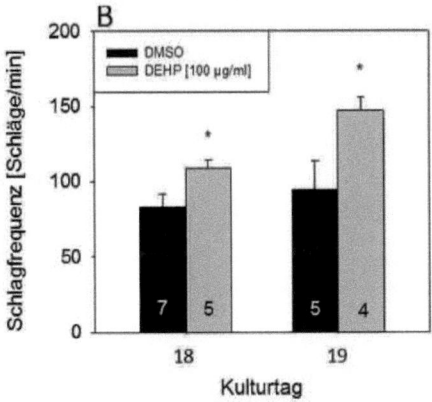

Abbildung 26: Messung der Schlagfrequenz von Kardiomyozyten mittels MEA -
Die P19-ECC wurden in den ersten 4 Tagen des undifferenzierten Wachstums mit 50 und 100 µg/ml DEHP Konzentrationen exponiert (A) 50 µg/ml; (B) 100 µg/ml; Es folgte

die Differenzierung nach Standardprotokoll, wobei die EBs einzeln auf MEAs ausplattiert wurden. An zwei aufeinanderfolgenden Kulturtagen der Differenzierung wurde die Schlagfrequenz der EBs für 15 min mittels MEA gemessen. N=Anzahl gemessener EBs (siehe Abbildung); P≤0.05 *; P≤0.01 **; P≤0.001***; *student's T-test*.

5.2.5 Analyse von Apoptose-Markergenen nach DEHP-Behandlung [100 µg/ml]

In der höchsten Behandlungsgruppe kam es bei der Analyse der metabolischen und funktionellen Markergene zu einer signifikanten Reduktion der Expression bei 5 von 6 untersuchten Genen nach DEHP-Exposition (5.1.1). Um zu untersuchen, ob in den Kardiomyozyten am Ende der Differenzierung durch Substratmangel und mitochondrialen Stress (z.B. ROS-Bildung) möglicherweise Apoptose induziert wurde, wurde die Transkriptmenge der beiden Apoptose-Marker Caspase 3 und Bax mittels qRT-PCR ermittelt.

Die Expressionsdaten zeigten keine signifikanten Veränderungen in der Expression von Casp3 und Bax (Abbildung 27).

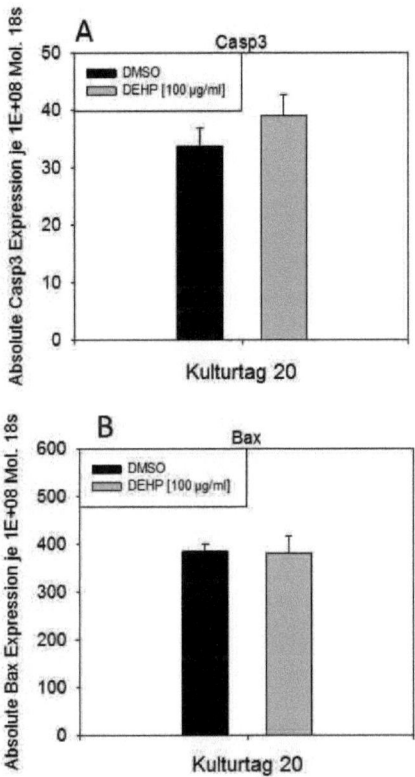

Abbildung 27: Analyse der absoluten Transkriptmenge der Apoptose-Markergene Caspase 3 und Bax unter DEHP [100 µg/ml] Exposition - Die Transkriptmenge der dargestellten Gene wurde mittels qRT-PCR quantifiziert. Gezeigt ist die absolute Transkriptmenge von (A) Casp3 und (B) Bax im Stadium 5 im Vergleich zur Vehikel-Kontrolle (DMSO); N=3; *student's T-test*.

5.2.6 Bestimmung der Transkriptmenge methylierungsspezifischer Markergene in differenzierenden P19-ECC nach DEHP-Exposition

In der höchsten Behandlungsgruppe zeigten sich signifikante Erhöhungen in der Expression von Dnmt3a am Tag 10 und 20 der Differenzierung. Auf die Expression der Hdac1 und der Dnmt1 hatte die Behandlung mit 100 µg/ml DEHP keinen Einfluss. In der mittleren Behandlungsgruppe zeigte sich eine signifikante Erhöhung der Dnmt1-Expression am Kulturtag 10, während es bei der Dnmt3a sowie der Hdac1 keinerlei Expressionsveränderungen gab. Die niedrigste Behandlungsgruppe führte zu keiner signifikanten Veränderung in der Expression aller untersuchter Markergene (Abbildung 28).

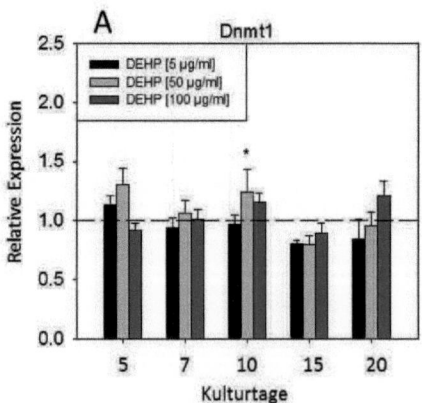

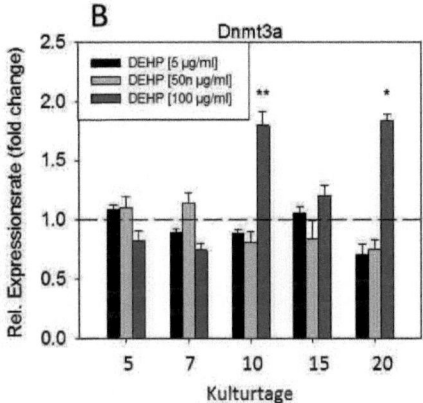

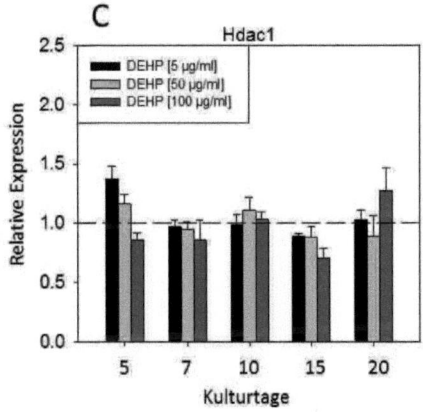

Abbildung 28: Bestimmung der relativen Transkriptmenge methylierungsspezifischer Markergene nach DEHP-Exposition - Die Transkriptmenge der dargestellten Gene wurde mittels qRT-PCR quantifiziert. Gezeigt ist die relative Transkriptmenge von (A) Dnmt1 (B) Dnmt3a und (C) Hdac1 bezogen auf die Vehikel-Kontrolle (DMSO), welche 1 gesetzt wurde und im Diagramm als gestrichelte Linie dargestellt ist. N=3; P≤0.05 *; P≤0.01 **; *student's T-test*.

5.2.7 Globaler Methylierungsstatus von kardiomyogen differenzierten P19-ECC

In Abbildung 29 ist sowohl für die DEHP-Behandlungsgruppe als auch für die Vehikel-Kontrolle die HpaII/MspI Ratio dargestellt, welche Auskunft über den globalen Methylierungsstatus der Zellen gibt.

Beträgt die HpaII/MspI Ratio 1.0, so sind die Zellen komplett unmethyliert, liegt die Ratio bei 0, so sind die Zellen komplett methyliert. Die behandelten, wie auch die unbehandelten Zellen waren demnach hypomethyliert und unterschieden sich nicht in ihrem Methylierungsstatus.

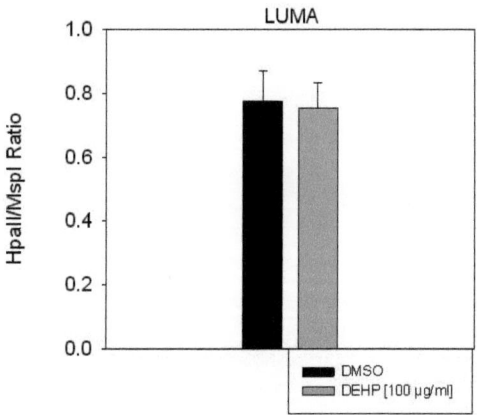

Abbildung 29: LUMA Assay - Mittels LUMA Assay wurde der globale Methylierungsstatus von kardiomygen differenzierten P19-ECC untersucht. Die Zellen wurden im undifferenzierten Stadium mit 100 µg/ml DEHP behandelt. Die HpaII/MspI Ratio gibt den Methylierungszustand der Zellen an. N=3.

5.2.8 Analyse des CpG-Methylierungs-Musters spezifischer Zielgene in P19-ECC Kardiomyozyten nach DEHP-Exposition (Pyrosequenzierung)

Für die Pyrosequenzierung wurden die P19-ECC im undifferenzierten Stadium mit DEHP [5, 50, 100 µg/ml] exponiert und anschließend zu Kardiomyozyten differenziert. Am letzten Tag der Differenzierung wurden DNA-Proben gewonnen, mit Bisulphit behandelt und für die Pyrosequenzierung eingesetzt (siehe 4.12.2 und 4.12.3).

In der Promotorregion von Ppara wurden 22 CpGs untersucht, wobei die durchschnittliche Methylierung der Region zwischen 1.5 % [5 und 50 µg/ml DEHP] und 2 % [100 µg/ml DEHP] lag. In allen 3 Behandlungsgruppen wurde die prozentuale Methylierung des Ppara Promotors in Summe nicht verändert, jedoch variierte die Methylierung spezifischer CpGs in der mittleren und niedrigsten Behandlungsgruppe im Vergleich zur DMSO-Kontrolle signifikant ($p<0.001$). Die Exposition mit DEHP innerhalb einer Behandlungsgruppe führte sowohl zu einer erhöhten, als auch zu einer veringerten Methylierung der CpGs (Abbildung 30 A und B). Der Zusammenhang zwischen der DEHP-Exposition und differentieller Methylierung war insgesamt im Vergleich zur Kontrollgruppe ebenfalls signifikant ($p<0.05$).

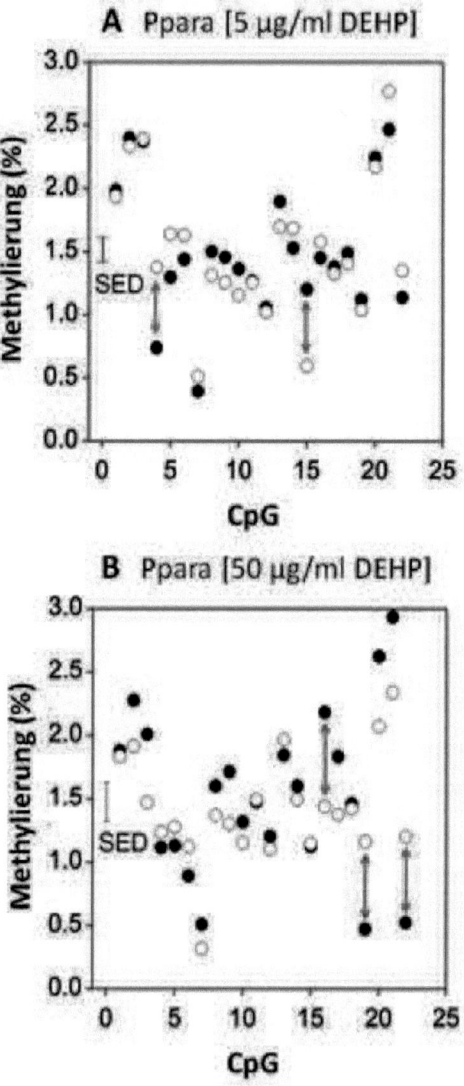

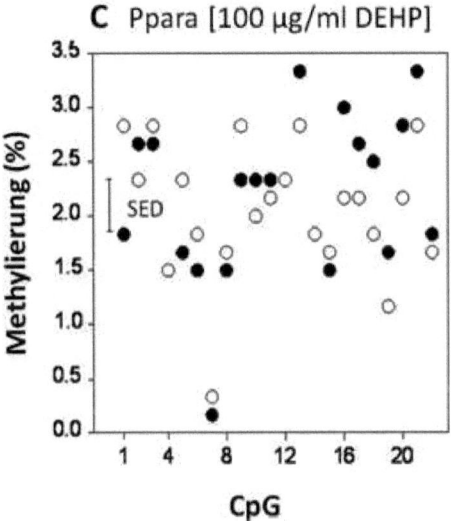

Abbildung 30: CpG Methylierung innerhalb der CpG Insel von Ppara - DMSO Kontrolle (o); DEHP Behandlung (●); SED: Standardabweichung.

In der Promotorregion von Pparg1 wurden 30 CpGs auf differentielle Methylierung untersucht (Abbildung 31). Die durchschnittliche Promotor-Methylierung lag zwischen 1.5 % [5 und 50 µg/ml DEHP] und 2.2 % [100 µg/ml DEHP]. In der höchsten Behandlungsgruppe war die prozentuale Methylierung von 5 der 30 CpGs im Vergleich zur DMSO-Kontrolle signifikant erhöht ($p<0.001$). In der mittleren und der niedrigsten Behandlungsgruppe war die prozentuale Methylierung von 2 der 30 CpGs signifikant erhöht, wobei in allen drei Behandlungsgruppen jeweils das CpG 17 im Vergleich zur DMSO-Kontrolle signifikant höher methyliert war. Der Zusammenhang zwischen der DEHP-Exposition und differentieller Methylierung war insgesamt im Vergleich zur Kontrollgruppe ebenfalls signifikant ($p<0.05$).

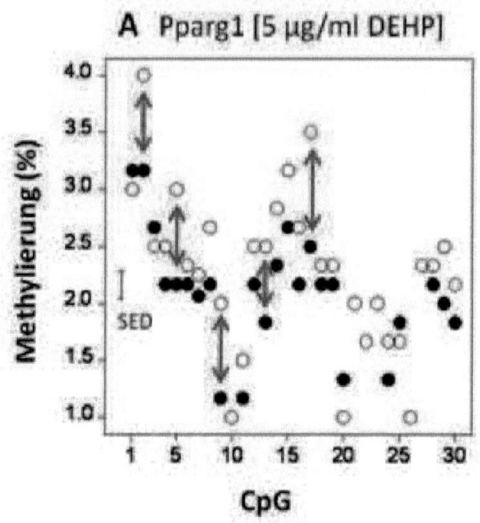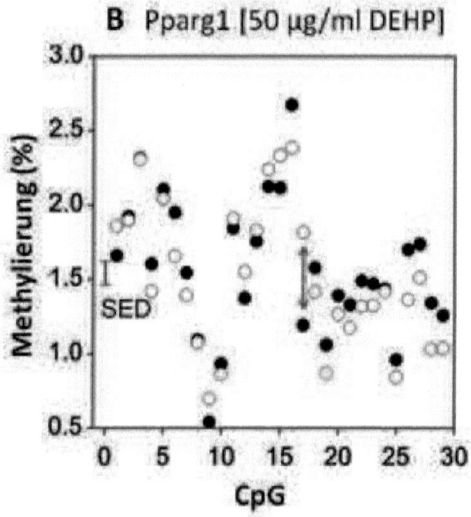

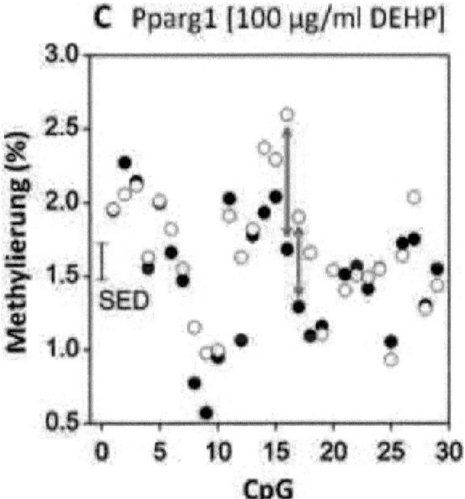

Abbildung 31: CpG Methylierung innerhalb der CpG Insel von Pparg1 - DMSO Kontrolle (○); DEHP Behandlung (●); SED: Standardabweichung.

In der Promotorregion von Slc2a4 wurden 10 CpGs untersucht, wobei auch hier die durchschnittliche Methylierung zwischen 1.9 % [5 und 50 µg/ml DEHP] und 3.2 % [100 µg/ml DEHP] lag und durch die DEHP-Behandlung nicht verändert wurde (Abbildung 32). Unterschiede in der Methylierung einzelner CpGs zwischen Behandlung und Kontrolle wurden nicht festgestellt.

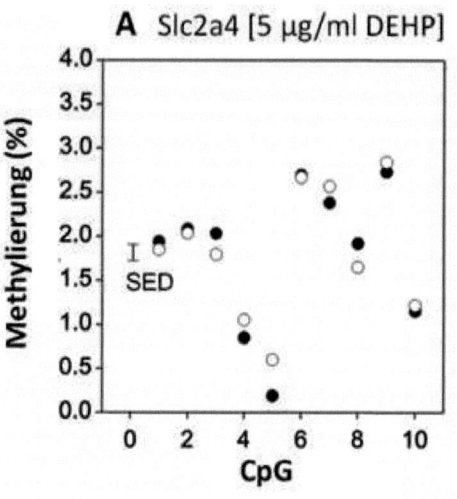

A Slc2a4 [5 µg/ml DEHP]

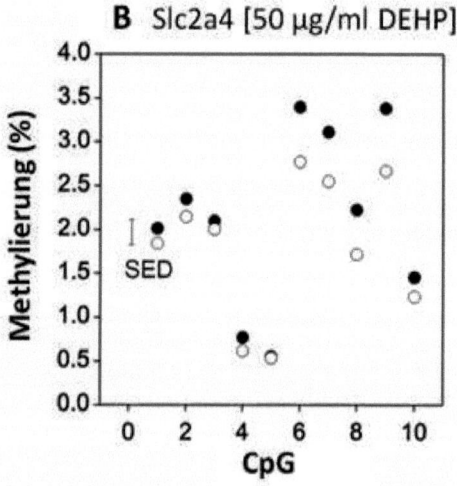

B Slc2a4 [50 µg/ml DEHP]

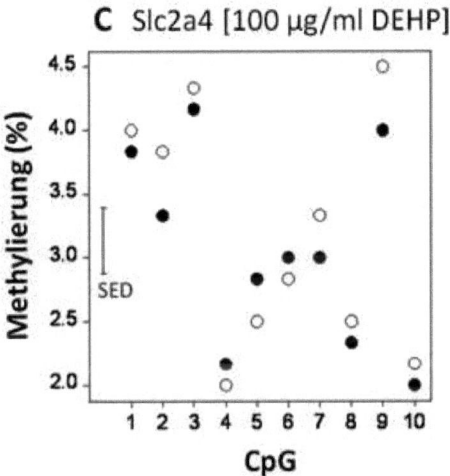

Abbildung 32: CpG Methylierung innerhalb der CpG Insel von Slc2a4 - DMSO Kontrolle (o); DEHP Behandlung (•); SED: Standardabweichung.

5.2.9 Transkriptionsfaktorbindestellen in veränderten CpGs der PPARs

Bei der Pyrosequenzierung zeigte sich, dass verschiedene CpGs in der Promotorregion von Ppara und Pparg differentiell methyliert waren. Um zu analysieren, ob diese CpGs innerhalb von Transkriptionsfaktor-Bindestellen (TFB) liegen, wurden die entsprechenden Sequenzen mittels TFSEARCH (Yutaka Akiyama: "TFSEARCH: Searching Transcription Factor Binding Sites",http://www.rwcp.or.jp/papia/) analysiert (Heinemeyer et al., 1998). Der Score Threshold wurde auf 70 Punkte gesetzt. Für die CpGs im Ppara-Promotor wurden 24 verschiedene putative TFB gefunden (**Fehler! Verweisquelle konnte nicht gefunden** erden.). Dabei traten 8 (Sp1, GATA-1, E47, Egr-1, Egr-2, p300, NGFI-C, E2F) Transkriptionsfaktoren mehrmals, d.h. bei mind. 2 verschiedenen CpGs auf. Sp1 wies beispielsweise Bindestellen in den CpGs 4, 15, 16 und 21 auf.

CpG-assoziierte TF-Bindestellen im Ppara-Promotor					
CpG Nr.	4	15	16	19	21
TF-Bindestelle	Sp1	Sp1	CREB	p300	Sp1
		HEN1	GATA-1	Egr-2	GATA-1
		TH1/E4	Pax-2	Egr-3	E2F
		E47	MZF1	CREB	BSAP
			AP-1	NGFI-C	
			TAX/CR	Egr-1	
			E47	E2F	
			Egr-1	Oct-1	
			NGFI-C	Elk-1	
			v-Myb		
			p300		
			SREBP		
			Sp1		
			EGR-2		
			Arnt		
			E47		
			ARP		

Abbildung 33: Übersicht über CpG-assoziierte Transkriptionsfaktor-Bindestellen im Ppara-Promotor - Es sind die differentiell methylierten CpGs des Ppara-Promotors mit ihren putativen Transkriptionsfaktor-Bindestellen dargestellt.

Für die CpGs im Pparg1-Promotor wurden 21 verschiedene putative TFB gefunden (Abbildung 34). Fünf der 21 Transkriptionsfaktoren (Sp1, BSAP, AP-1, GATA-1, AML-1a) traten mehrmals, d.h. bei mehr als zwei verschiedenen CpGs auf. Sp1 trat beispielsweise auch im Pparg1-Promotor in 4 CpGs (2, 5, 9, 17) auf.

CpG-assoziierte TF-Bindestellen im Pparg-Promotor					
CpG Nr.	2	5	9	13	16	17
TF-Bindestelle	E2	NF-E2	Sp1	p300	GATA-1	CP2
	Sp1	BSAP	BSAP	AP-1	E2F	Sp1
	c-Ets	Sp1			AML-1a	AML-1a
	MyoD	AP-1			SREBP	
	MZF1	E47				
	NRF-2	USF				
	Elk-1					
	NGFI-C					
	GATA-1					
	Egr-2					
	Egr-1					

Abbildung 34: Übersicht über CpG-assoziierte Transkriptionsfaktor-Bindestellen im Pparg1-Promotor - Es sind die differentiell methylierten CpGs des Pparg1-Promotors mit ihren putativen Transkriptionsfaktor-Bindestellen dargestellt.

5.3 PCB-Exposition der P19-ECC

5.3.1 Bestimmung der Transkriptmenge von kardialen Markergenen in differenzierenden P19-ECC nach PCB-Exposition

P19-ECC wurden in den ersten 4 Tagen des undifferenzierten Wachstums mit verschiedenen Konzentrationen [1, 10, 100 ng/ml] des PCB-Kongenerengemisches (101+118) behandelt. Anschließend wurden die Zellen in einem hängenden Tropfen-Ansatz mit 1 % DMSO als Differenzierungssignal inkubiert und nach

48 h als EB weiterkultiviert. Zu verschiedenen Zeitpunkten der Differenzierung (5d, 7d, 10d, 15d und 20d) wurden Proben (RNA, Protein, DNA) genommen (Abbildung 20). Die Versuche wurden jeweils 3 Mal wiederholt (N=3).

Die Behandlung mit 100 ng/ml PCB führte zu einer signifikanten Erhöhung der Expression von von Myh6 am Tag 15 sowie Gja1 am Tag 7 der Differenzierung (Abbildung 35). Die mittlere Dosis [10 ng/ml] führte zu einer signifikanten Erhöhung der Expression von Gja1 am Kulturtag 5. Die niedrigste Dosis [1 ng/ml] führte zu einer signifikanten Erhöhung von Myh6 am Kulturtag 10. Des Weiteren führte die niedrigste Dosierung PCB zu einer signifikanten Reduktion der Expression von Gja1 im am Tag 20 der Kultur.

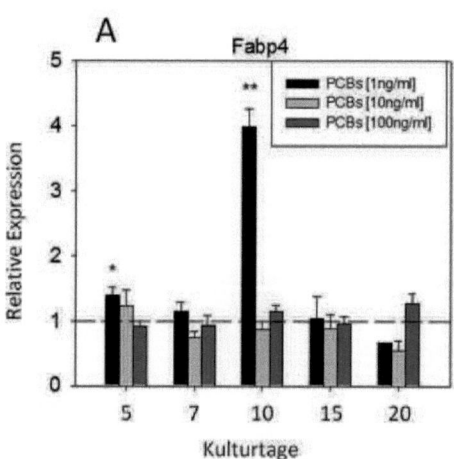

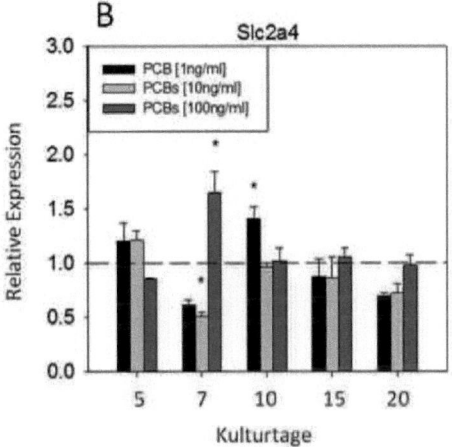

Abbildung 35: Bestimmung der relativen Transkriptmenge der kardialen Markergene nach PCB-Exposition - Die Transkriptmenge der dargestellten Gene wurde mittels qRT-PCR quantifiziert. Gezeigt ist die relative Transkriptmenge von (A) Myh6 und (B) Gja1 bezogen auf die Vehikel-Kontrolle (DMSO), welche 1 gesetzt wurde und im Diagramm als gestrichelte Linie dargestellt ist. N=3; P≤0.05 *; P≤0.01 **; P≤0.001; *student's T-test*.

5.3.2 Bestimmung der Transkriptmenge der PPARs und ihrer *Downstream*-Gene in differenzierenden 19-ECC nach PCB-Exposition

Eine Behandlung mit 100 ng/ml PCB führte zu einer signifikanten Erhöhung der Expression von Slc2a4 am Tag 10. Die Behandlung mit 10 ng/ml PCB führte zu einer signifikanten Reduktion der Expression von Ppara (Abbildung 36, A) und Slc2a4 (Abbildung 37, B) am Kulturtag 7.

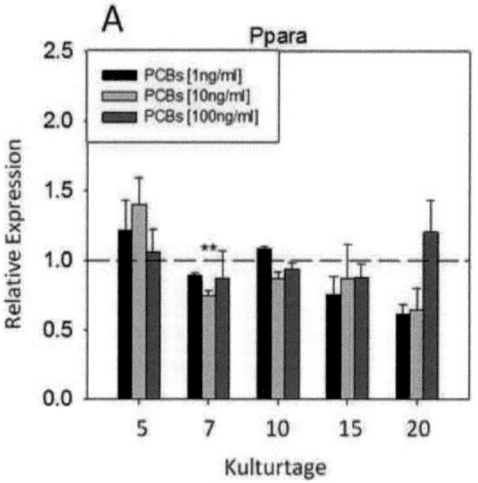

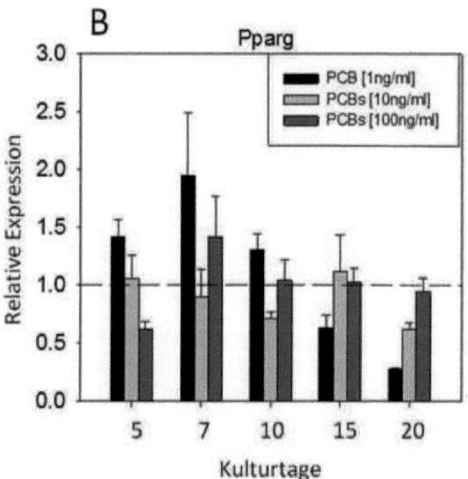

Abbildung 36: Bestimmung der relativen Transkriptmenge der PPARs nach PCB-Exposition - Die Transkriptmenge der dargestellten Gene wurde mittels qRT-PCR quantifiziert. Gezeigt ist die relative Transkriptmenge von (A) Ppara und (B) Pparg bezogen auf die Vehikel-Kontrolle (DMSO), welche 1 gesetzt wurde und im Diagramm als gestrichelte Linie dargestellt ist. N=3; P≤0.05 *; P≤0.01 **; P≤0.001; *student's T-test*.

Die niedrigste Dosis [1 ng/ml] führte zu einer signifikanten Erhöhung von Slc2a4 und Fabp4 am Tag 10 der Differenzierung. Des Weiteren führte die niedrigste Dosis zu einer signifikanten Erhöhung der Expression von Fabp4 am Kulturtag 5 (Abbildung 37).

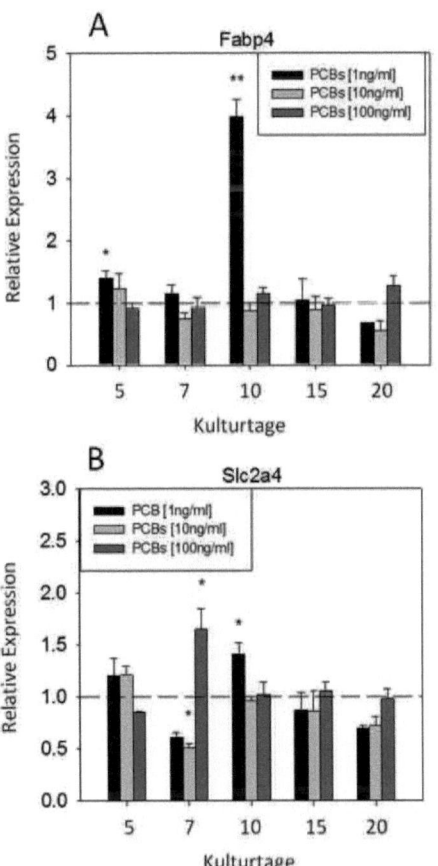

Abbildung 37: Bestimmung der relativen Transkriptmenge der PPAR Downstream-Gene nach PCB-Exposition - Die Transkriptmenge der dargestellten Gene wurde mittels qRT-PCR quantifiziert. Gezeigt ist die relative Transkriptmenge von (A) Fabp4 und (B) Slc2a4 bezogen auf die Vehikel-Kontrolle (DMSO), welche 1 gesetzt wurde und im Diagramm als gestrichelte Linie dargestellt ist. N=3; P≤0.05 *; P≤0.01 **; P≤0.001; *student's T-test*.

Die Expressionsdaten zeigen, dass signifikante Veränderungen vor allem zwischen dem 5. und dem 10. Kulturtag auftraten. Die Unterschiede in der Transkriptmenge folgten unterschiedlichen Dosis-Wirkungs-Beziehungen (Abbildung 38).

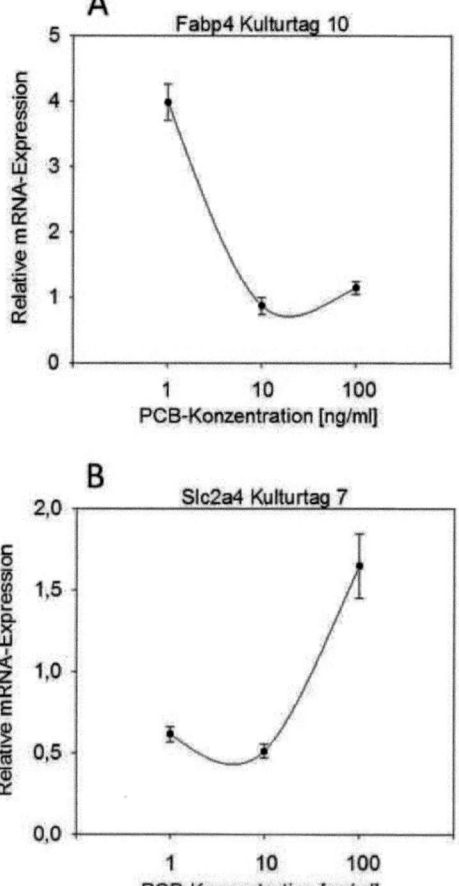

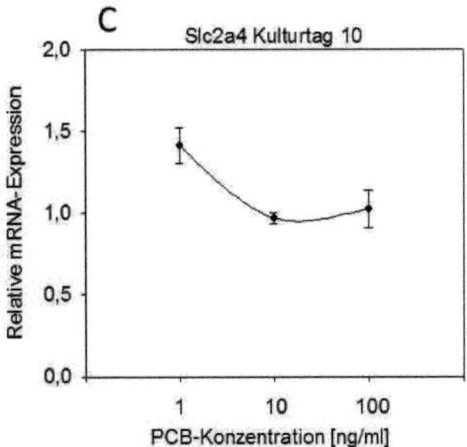

Abbildung 38: Dosis-Wirkungsbeziehungen bei kardiomyogen differenzierten P19-ECC nach PCB-Exposition - Die Grafiken zeigen anhand von 3 Beispielen verschiedene Dosis-Wirkungsbeziehungen nach PCB-Exposition (A) Fabp4-Expression am Kulturtag 10, (B) Slc2a4-Expression am Kulturtag 7 und (C) Slc2a4-Expression am Kulturtag 10. N=3; P≤0.05 *; P≤0.01 **; *student's T-test*.

5.3.3 Bestimmung der Transkriptmenge von Cyp1a1 nach PCB-Exposition

Die Expression von Cyp1a1 war sowohl in der Behandlungsgruppe als auch in der Kontrollgruppe zunächst sehr niedrig, stieg am 10. Kulturtag aber um ca. das 50-fache an. Während es in der Kontrollgruppe keinen weiteren Anstieg nach Tag 15 gab, stieg die Transkriptmengevon Cyp1a1 nach einer frühen PCB-Exposition weiter signifikant an. In beiden Gruppen kam es anschließend zu einer Reduktion der Cyp1a1-Expression auf das gleiche Niveau (Abbildung 39).

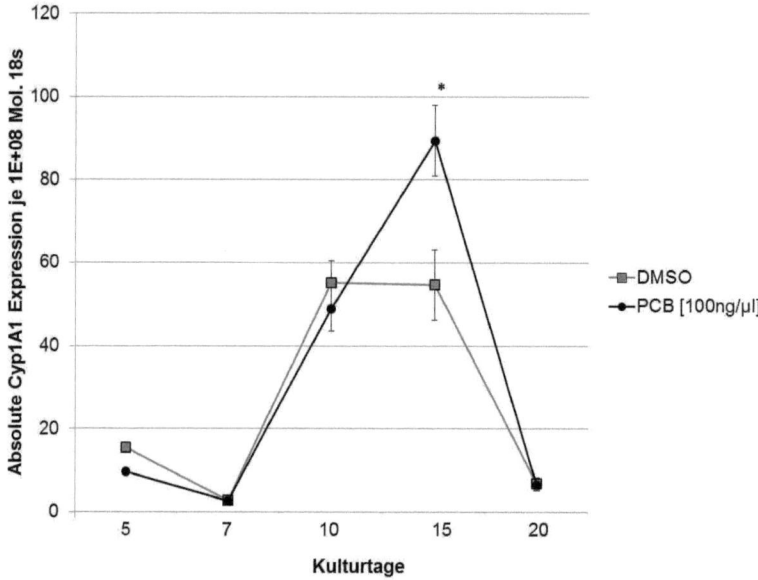

Abbildung 39: Absolute Transkriptmenge von Cyp1a1 in kardiomyogen differenzierenden P19-ECC nach PCB-Exposition (101+118) - Die Transkriptmenge des dargestellten Gens wurde mittels qRT-PCR quantifiziert. Gezeigt ist die absolute Transkriptmenge im Vergleich zur Vehikel-Kontrolle (DMSO). N=3; P≤0.05 student's T-test.

5.3.4 Bestimmung der Transkriptmenge methylierungsspezifischer Markergene in differenzierenden P19-ECC nach DEHP-Exposition

Unter der Exposition mit 100 ng/ml PCB kam es zur signifikanten Erhöhung der Expression von Dnmt1 am Tag 7 und 15. Diese Erhöhung zeigte sich ebenfalls und an den gleichen Kulturtagen bei der Expression von Hdac1.

Des Weiteren führte die höchste PCB-Konzentration [100 ng/ml] zu einer signifikanten Erniedrigung der Expression von Dnmt3a am

Tag 15 der Differenzierung. Die mittlere PCB-Konzentration [10 ng/ml] führte zu einer Erniedrigung der Expression von Hdac1 am 7. Kulturtag. Eine Behandlung mit 1 ng/ml PCB zeigte keine Veränderungen in der Expression methylierungsspezifischer Markergene (Abbildung 40).

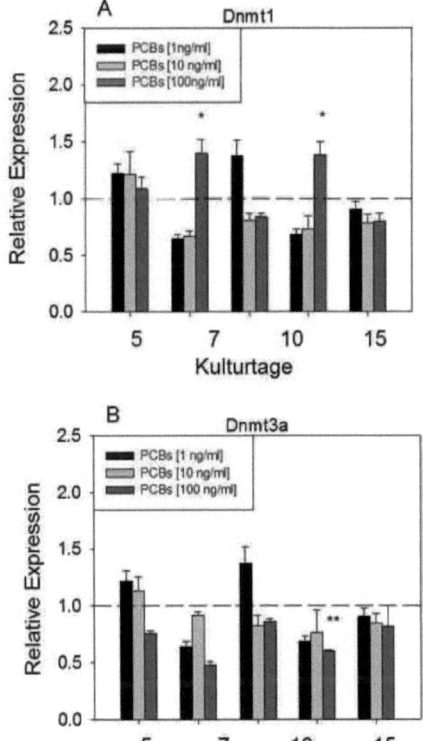

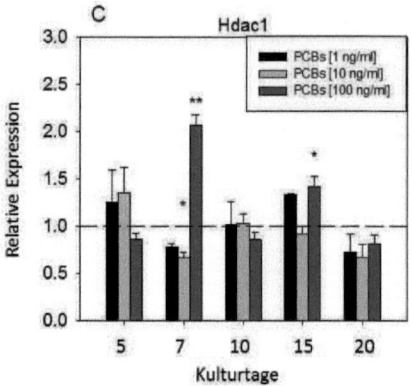

Abbildung 40: Bestimmung der relativen Transkriptmenge methylierungsspezifischer Markergene unter PCB-Exposition - Die Transkriptmenge der dargestellten Gene wurde mittels qRT-PCR quantifiziert. Gezeigt ist die relative Transkriptmenge von (A) Dnmt1 (B) Dnmt3a und (C) Hdac1 bezogen auf die Vehikel-Kontrolle (DMSO), welche 1 gesetzt wurde und im Diagramm als gestrichelte Linie dargestellt ist. N=3; P≤0.05 *; P≤0.01 **; student's T-test.

5.4 Kombinierte Exposition (PCB+DEHP) der P19-ECC

P19-ECC wurden in den ersten vier Tagen des undifferenzierten Wachstums mit verschiedenen Konzentrationen des Substanzgemisches [**Mix 1**: 1 ng/ml PCB + 5 µg/ml DEHP; **Mix 2**: 10 ng/ml PCB + 50 µg/ml DEHP; **Mix 3**: 100 ng/ml PCB + 100 µg/ml DEHP] behandelt.

5.4.1 Bestimmung der Transkriptmenge von kardialen Markergenen in differenzierenden P19-ECC nach PCB+DEHP-Exposition

Die niedrigste Dosierung Mix 1 führte zu einer signifikanten Erhöhung der Expression von Myh6 im an den Kulturtagen 10 und 20. Im Mix 2 und 3 zeigten sich keinerlei Veränderungen in der Transkriptmengeder untersuchten Markergene (Abbildung 41).

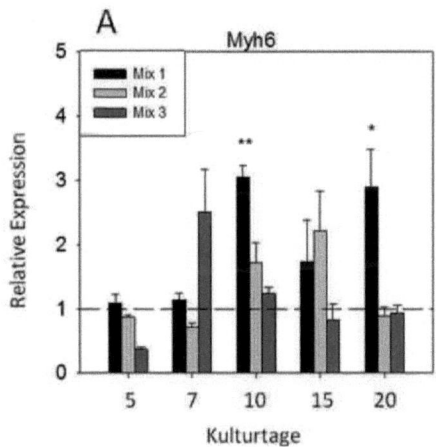

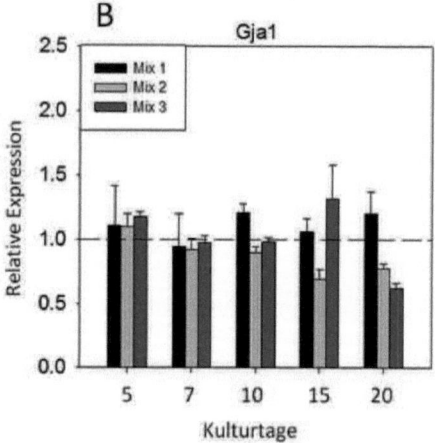

Abbildung 41: Bestimmung der relativen Transkriptmenge der kardialen Markergene nach PCB+DEHP-Exposition - Die Transkriptmenge der dargestellten Gene wurde mittels qRT-PCR quantifiziert. Gezeigt ist die relative Transkriptmenge von (A) Myh6 und (B) Gja1 bezogen auf die Vehikel-Kontrolle (DMSO), welche 1 gesetzt wurde und im Diagramm als gestrichelte Linie dargestellt ist. N=3; P≤0.05 *; P≤0.01 **; P≤0.001; *student's T-test*.

5.4.2 Bestimmung der Transkriptmenge der PPARs und ihrer *Downstream*-Gene in differenzierenden 19-ECC nach PCB+DEHP-Exposition

Die höchste Behandlungsgruppe Mix 3 zeigte einen signifikanten Anstieg von Fabp4 am Kulturtag 10. Die mittlere Dosierung Mix 2 führte hingegen zu keinerlei signifikanten Veränderungen in der Expression der untersuchten Markergene (Abbildung 42 und 45).

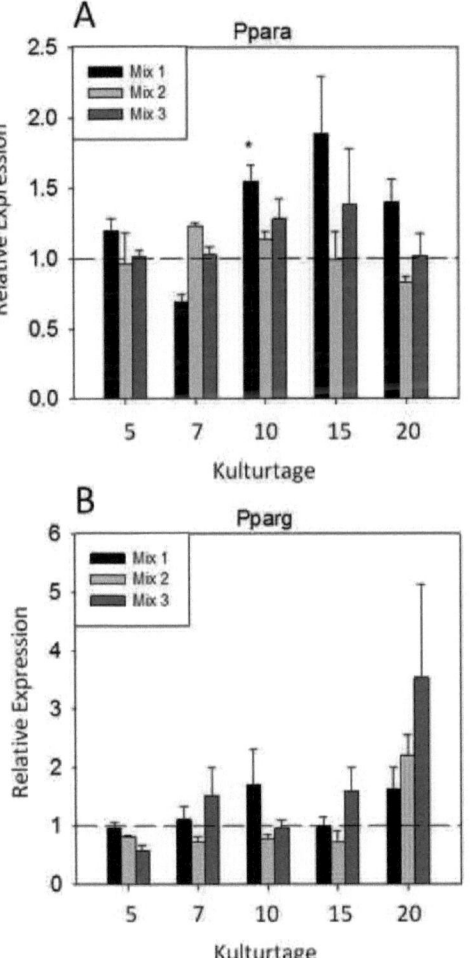

Abbildung 42: Bestimmung der relativen Transkriptmenge der PPARs nach PCB+DEHP-Exposition - Die Transkriptmenge der dargestellten Gene wurde mittels qRT-PCR quantifiziert. Gezeigt ist die relative Transkriptmenge von (A) Ppara und (B) Pparg bezogen auf die Vehikel-Kontrolle (DMSO), welche 1 gesetzt wurde und im Diagramm als gestrichelte Linie dargestellt ist. N=3; P≤0.05 *; P≤0.01 **; P≤0.001; *student's T-test*.

Die niedrigste Dosierung führte zu signifikanten Erhöhungen der Expression von Ppara am Tag 10, Slc2a4 am Tag 5 und 10 sowie Fabp4 am Tag 10 und 20 der Differenzierung. Die Expressionsdaten zeigen, dass die gemischte Exposition im Vergleich zu den Einzelexpositionen insgesamt weniger Veränderungen in der Expression der Zielgene hervorrief. Auffällig war, dass die Dosis-Gruppe, welche zu den meisten signifikanten Veränderungen führte, die niedrigste, also Mix 1, war. Generell zeigten sich Veränderungen in der Expression über alle Stadien verteilt, wobei Pparg und Gja1 durch keine der gemischten Expositionen reguliert wurden.

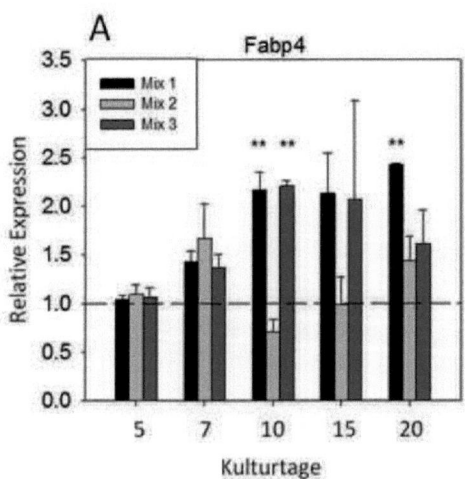

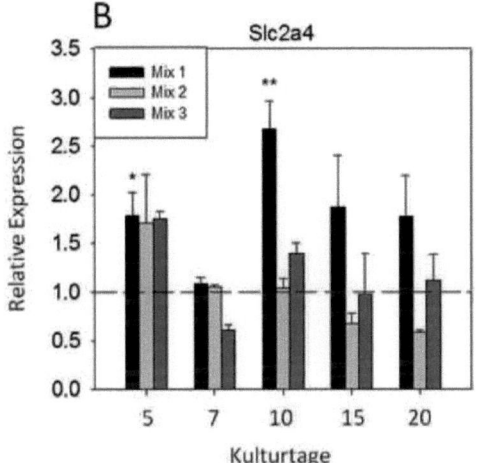

Abbildung 43: Bestimmung der relativen Transkriptmenge der PPAR Downstream-Gene nach PCB+DEHP-Exposition - Die Transkriptmenge der dargestellten Gene wurde mittels qRT-PCR quantifiziert. Gezeigt ist die relative Transkriptmenge von (A) Fabp4 und (B) Slc2a4 bezogen auf die Vehikel-Kontrolle (DMSO), welche 1 gesetzt wurde und im Diagramm als gestrichelte Linie dargestellt ist. N=3; P≤0.05 *; P≤0.01 **; P≤0.001; student's T-test.

5.4.3 Bestimmung der Transkriptmenge des AhR-Zielgens Cyp1a1 nach PCB+DEHP-Exposition

Die Expression von Cyp1a1 war sowohl in der Behandlungsgruppe Mix 3 als auch in der Kontrollgruppe zunächst niedrig, stieg aber am Tag 10 um ca. das 25 bis 30-fache an. Die Kontroll- und die Behandlungsgruppe unterschieden sich dabei nicht signifikant. Nach dem Anstieg der Expression am Kulturtag 10 blieb die Expression bis zum 15. Tag in beiden Gruppen etwa auf dem gleichen Niveau. Am letzten Kulturtag kam es in der Kontrollgruppe zur einer Reduktion der Expression von Cyp1a1, während sie in der

Behandlungsgruppe weiter anstieg. Dieser Anstieg war jedoch nicht signifikant (Abbildung 44).

Eine Beeinflussung des AhR-Signalweges durch die gemischte Exposition konnte somit nicht festgestellt werden.

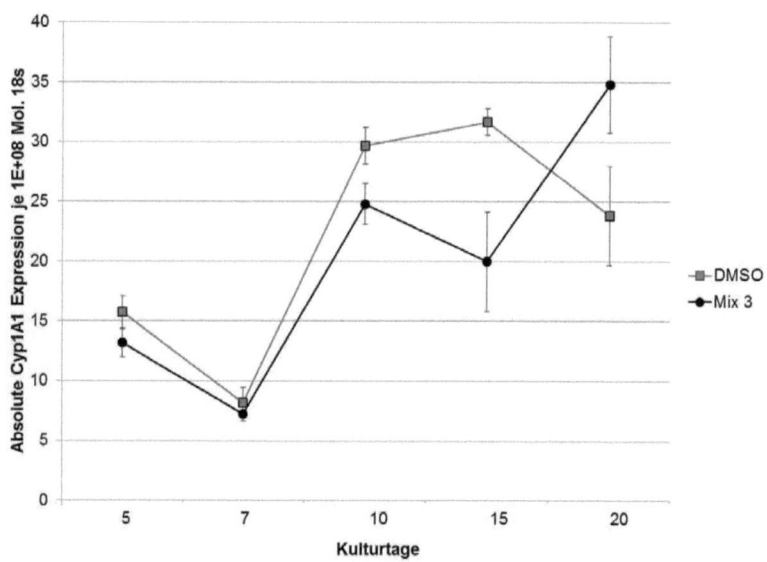

Abbildung 44: Absolute Transkriptmenge von Cyp1a1 in kardiomyogen differenzierenden P19-ECC nach DEHP+PCB-Exposition - Die Transkriptmenge des dargestellten Gens wurde mittels qRT-PCR quantifiziert. Gezeigt ist die absolute Transkriptmenge im Vergleich zur Vehikel-Kontrolle (DMSO). N=3.

5.4.4 Messenger-RNA Expression methylierungsspezifischer Markergene in kardiomyogen differenzierenden P19-ECC nach DEHP+PCB-Exposition

Insgesamt betrachtet zeigten sich kaum Veränderungen in der Expression von Dnmt1, Dnmt3a und Hdac1 nach kombinierter DEHP+PCB-Exposition. Im Fall von Dnmt1 kam es beim Mix 2 am Kulturtag 20 zu einer signifikanten Erniedrigung der Transkriptmenge. Eine signifikante Erhöhung der Expression zeigte sich beim Mix 1 am Tag 10 der Differenzierung (Abbildung 45).

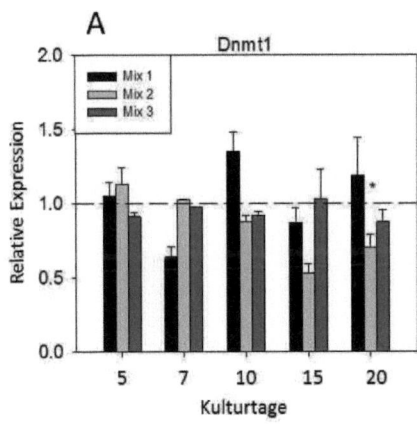

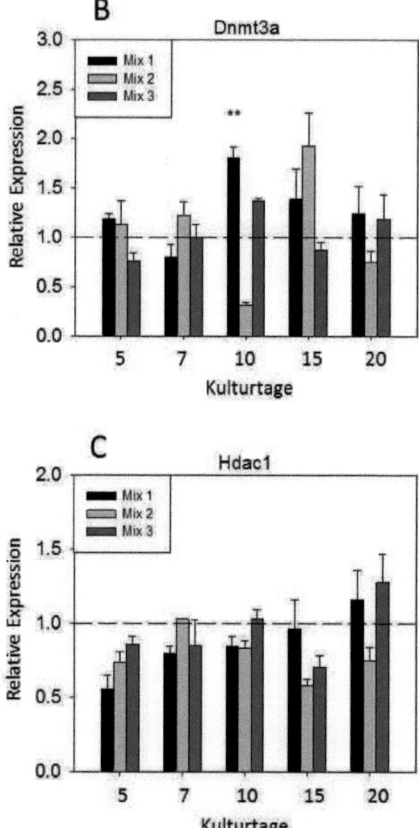

Abbildung 45: Analyse der relativen Transkriptmenge methylierungsspezifischer Markergene in kardiomyogen differenzierenden P19-ECC nach DEHP+PCB-Exposition - Die Transkriptmenge der dargestellten Gene wurde mittels qRT-PCR quantifiziert. Gezeigt ist die relative Transkriptmenge von (A) Dnmt1, (B) Dnmt3a und (C) Hdac1. N=3; $P \leq 0.05$ *; $P \leq 0.01$ **; *student's T-test*.

5.4.5 Proteom-Analyse von DEHP, PCB und DEHP + PCB exponierten C3H10T1/2 – Adipozyten

Die Exposition der C3H10T1/2-Zellen erfolgte während der 2 Tage Postkonfluenz und vor Induktion der Differenzierung zu Adipozyten.

Die Exposition erfolgte jeweils mit den höchsten Konzentrationen der Substanzen, d.h. 100 µg/ml DEHP, 100 ng/ml PCB und einer Kombination aus beidem. Die Probenahme für den Proteomics-Ansatz erfolgte mittels Allprep-Kit (Qiagen) (siehe 4.9.1), sodass von einer Probe sowohl Protein als auch RNA und DNA gewonnen werden konnte. Die Proteom-Analyse ergab insgesamt 403 Proteinspots, welche in die statistische Analyse eingingen. Nach der Normalisierung der Proteinvolumina zeigten 76 Spots signifikante Unterschiede ($p<0.05$) zwischen wenigstens 2 Behandlungsgruppen. Für die weitere Analyse in der LC-MS/MS wurden 25 Protein-Spots ausgewählt (≥1.3 fold-change im Vergleich zur Kontrolle), wobei 23 Proteinspots erfolgreich identifiziert werden konnten (Abbildung 46).

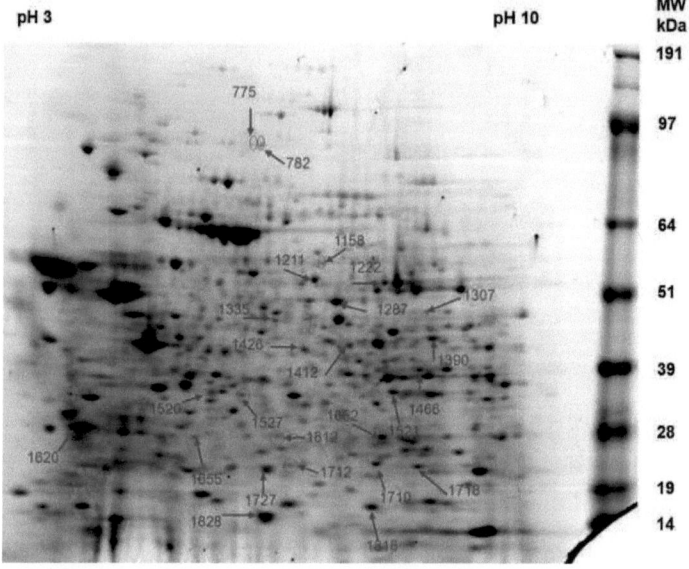

Abbildung 46: Repräsentatives 2D Gel - Die im Gel eingezeichneten Pfeile und Kreise zeigen die veränderten Protein-Spots im Vergleich zur Kontrolle an. Diese Spots (≥ 1.3 fold-change versus DMSO-Kontrolle) wurden ausgeschnitten und mittels LC-MS/MS identifiziert.

Zwei der 25 Proteinspots ergaben keine signifikanten Treffer in der Datenbank. Die identifizierten und statistisch signifikant veränderten Proteine sind in Tabelle 6 aufgelistet.

Tabelle 6: Ergebnisse der Proteom-Analyse

Gen Symbol	Protein Name (kurz)	Relevante Funktion	Protein Typ	Zugangsnr. (NCBI)	Masse (kDa)	DEHP	p	PCBs	p	Mix	p
Acadm	Medium-chain specific acyl-CoA dehydrogenase	Lipid und Fettsäurestoffwechsel, Beta-Oxidation; Glycogen-Biosynthese; Involviert in post-embryonale Entwicklung, Herzmuskel-Differenzierung	Metabolisches Protein	NP_031408	47	1.3	0.0074			1.3	0.0069
Glud1	Glutamate dehydrogenase 1	Heraufreagulation der Insulin-Regulation und Glutamat Biosynthese; Defekte verursachen Formen der Hyperinsulinämie und Hypoglykämie;	Metabolisches Protein	NP_032159 XP_917985 XP_927618 XP_927626	62	1.4	0.0184			1.5	0.0058
Ivd	Isovaleryl-CoA dehydrogenase	Amino acid degradation. Defects cause isovaleric acidemia, characterised by the build-up of isovaleric acid and related compounds which are toxic to the central nervous system	Andere Proteine	NP_062800	47	1.3	0.0010			1.3	0.0003
Idi1	Isopentenyl-diphosphate Delta-isomerase 1	Steroid-Biosynthese	Metabolisches Protein	NP_663335 NP_808875 XP_980302 XP_980333	33	-1.6	0.0002	-1.5	0.0004		
Pgam1	Phosphoglycerate mutase 1	Glykolyse, Glukoneogenese	Metabolisches Protein	NP_075907	29					1.2	0.0115
Fabp5	Fatty acid-binding protein	Fettsäureaufnahme-, transport, und metabolismus;	Metabolisches Protein	NP_034764	15					1.3	0.0015
Lonp1	Lon protease homolog	Degradierung von regulatorischen Proteinen und oxidativ beschädigten Polypeptiden und Proteinen; Turnover des (StAR) Proteins in Mitochondrien	Stressprotein	NP_083058 XP_128721	106	-1.5	0.0004			-1.6	0.0001
Lonp1	Lon protease homolog (siehe oben)		Stressprotein	NP_083058 XP_128721	106	-1.4	0.0047			-1.9	0.0001
Pgm2	Phosphoglucomutase 2	Kohlenhydratstoffwechsel; Glykolytisches Enzym welches vor allem in Lunge, Milz und Thymus, und in niedrigeren Levels in Leber, Hirn, Nieren, Skelettmuskel, Testes und Herz exprimiert wird	Metabolisches Protein	AAH55713	64	1.3	0.0035			1.3	0.0089
G6pdx	Glucose-6-phosphate 1-dehydrogenase X	Kohlenhydrat- and Glutathion-Metabolismus; Antwort auf oxidativen Stress; Produktion von Interleukin-10 und 12	Stressprotein	NP_032088	60	1.2	0.0033	1.1	0.0467	1.3	0.0003
Aldh2	Aldehyde dehydrogenase	Xenobiotischer und Kohlenstoff-Metabolismus; Neurotransmitter Biosynthese und Speicherung	Xenobiotisches Proteins	NP_033786	57	1.2	0.0058	1.2	0.0275	1.3	0.0009
Fh	Fumarate hydratase	Citrat-Zyklus; Tumor Suppressor	Metabolisches Protein	NP_034339	55					1.3	0.0008

Gen Symbol	Protein Name (kurz)	Relevante Funktion	Protein Typ	Zugangsnr. (NCBI)	Masse (kDa)	DEHP	p	PCBs	p	Mix	p
Vat1	Synaptic vesicle membrane protein VAT-1 homolog	Integrales Membran-Protein cholinerger synaptischer Vesikel	Andere Proteine	NP_036167	43	-1.4	0.0001			-1.1	0.0181
"Sept2"	Septin-2	Filamentbildende GTPase des Zytoskeletts mit Rolle im Zellzyklus	Andere Proteine	NP_035021	42			1.3	0.0001		
Bcat2	Branched-chain-amino-acid aminotransferase	Metabolismus verzweigtkettiger Aminosäuren; Regulation von Hormon-Levels	Andere Proteine	NP_033867	45					1.5	0.0007
Etfa	Electron transfer flavoprotein subunit alpha	Electron Carrier Aktivität	Andere Proteine	AAH03432	35	1.2	0.0330			1.3	0.0069
Ywhag	14-3-3 protein gamma	Familie regulatorischer Proteine welche in einem breiten Spektrum von Signalwegen eine Rolle spielen (incl. Apoptose)	Andere Proteine	NP_062249 XP_346431 XP_347354	28					1.4	0.0027
Ndufs3	NADH dehydrogenase [ubiquinone] iron-sulfur protein 3	Elektronen Transport. Kern-Untereinheit des NADH-Dehydrogenase Komplex I	Andere Proteine	NP_080964 XP_130347	30					1.2	0.0235
Gsta4	Glutathione S-transferase A4	Detoxifizierung of exo- and endogener hydrophobischer Elektrophilen durch Konjugation mit reduziertem Glutathion	Xenobiotisches Proteins	NP_034487	26					1.4	0.0052
Park7	Protein DJ-1	Positiver Regulator der Androgen Rezeptor-abhängigen Transkription. Zielprotein für endokrine Disruption, spielt eine Rolle in der Fertilisation. Tumorsupressor, schützt Zellen gegen oxidativen Stress und Zelltod. Defekte verursachen Parkinson disease type 7	Stressprotein	NP_065594	20					1.3	0.0025
Sod2	Superoxide dismutase [Mn]	Abwehrenzym gegen mitochondriale Superoxid Radikale; Herunterregulation der Zellproliferation;	Stressprotein	NP_038699	25					1.4	0.0002
Prdx3	Thioredoxin-dependent peroxide reductase	Antioxidatives Protein; Herunterregulation der Apoptose	Stressprotein	NP_031478	28					1.5	0.0013
Nme1	Nucleoside diphosphate kinase A	Tumor Metastase Protein, involviert in Zellproliferation, Differenzierung und Entwicklung, Signaltransduktion und Genexpression	Andere Proteine	NP_032730 XP_919911	17					1.2	0.0092

Die Proteomanalyse ergab, dass der Mix (DEHP+PCB) einen größeren Effekt auf die Proteinexpression hatte als die Einzelexpositionen. Im Mix wurden 18 der 23 Proteine in ihrer Expression heraufreguliert, 3 Proteine herunterreguliert und nur 2 Proteine wurden in ihrer Expression nicht verändert.

Den zweitgrößten Effekt auf die Expression der identifizierten Proteine hatte DEHP mit 7 heraufregulierten und 4 herabregulierten Proteinen. Die PCB-Behandlungsgruppe zeigte 4 veränderte Expressionen, wobei 3 Proteine herauf- und 1 herabreguliert wurden.

Im Weiteren wurde analysiert, wie viele Proteine von nur einer Behandlung allein oder gleichzeitig von verschiedenen Behandlungen in ihrer Expression verändert wurden, um eventuelle additive Effekte aufzeigen zu können. Es gab insgesamt 11 Proteine, welche ausschließlich im Mix, nicht aber in den Einzelexpositionen mit DEHP oder PCB veränderte waren. Das heißt, dass diese Veränderungen in der Expression erst durch die Kombination von DEHP und PCB zum Tragen kamen. Es zeigte sich außerdem, dass Proteine, deren Expression durch DEHP verändert wurde immer auch im Mix verändert vorlagen, also sich alle DEHP-Effekte auch immer im Mix zeigten.

Die Behandlung mit PCB führte zur veränderten Expressionen zweier Proteine (Idi1 und Sept2), welche im Mix jedoch nicht verändert waren. Eines der Proteine (Idi1) war allerdings auch durch eine Behandlung mit DEHP verändert, wobei beide Behandlungen zu einem ähnlichen *fold-change* (DEHP: -1.6; PCB: -1.5) führten. In Tabelle 7 sind die veränderten Proteine mit *fold-change* und *p-value* pro Behandlung dargestellt. Bei den Proteinen G6pdx und Aldh2 kam es zur veränderten Expression in allen drei Behandlungsgruppen, wobei im Fall von G6pdx der *fold-change* im Mix die Summe der Einzeleffekte ergab [DEHP: *fold-change* 1.2 (=20 % Erhöhung); PCB: *fold-change* 1.1 (=10 % Erhöhung); Mix: *fold-change* 1.3 (=30 % Erhöhung)]. Bei Aldh2 ist dieser Effekt ähnlich [DEHP: *fold-change* 1.2 (=20 % Erhöhung); PCB: *fold-change* 1.2 (=20 % Erhöhung); Mix *fold-change* 1.3 (=30 % Erhöhung)].

Betrachtet man die Veränderungen in der Expression zwischen DEHP und dem Mix, so sind die Erhöhungen unter DEHP in zwei Fällen [Acadm: *fold-change* 1.3; Ivd: *fold-change* 1.3] genauso hoch wie im Mix. Bei drei weiteren Proteinen [Glud1: DEHP: *fold-change* 1.4, Mix: *fold-change* 1.5; Lonp1: DEHP: *fold-change* -1.4, Mix: *fold-change* -1.9; Etfa: DEHP: *fold-change* 1.2, Mix: *fold-change* 1.3] war die Expression im Mix im Vergleich zu DEHP jeweils stärker erhöht oder erniedrigt, obwohl kein Effekt in der Einzelexposition mit PCB zu beobachten war.

Tabelle 7: Regulierte Proteine dargestellt mit fold-change und p-Werten vs. Kontrolle (DMSO)

Gen-Name	Fold-change und p-Wert vs Kontrolle						
	DEHP	p	PCBs	p	Mix	p	
Acadm	1.3	0.0074			1.3	0.0069	
Glud1	1.4	0.0184			1.5	0.0058	
Ivd	1.3	0.0010			1.3	0.0003	
Idi1	-1.6	0.0002	-1.5	0.0004			
Pgam1					1.2	0.0115	
Fabp5					1.3	0.0015	
Lonp1	-1.5	0.0004			-1.6	0.0001	
Pgm2	1.3	0.0035			1.3	0.0089	
G6pdx	1.2	0.0033	1.1	0.0467	1.3	0.0003	
Aldh2	1.2	0.0058	1.2	0.0275	1.3	0.0009	
Fh1					1.3	0.0008	
Vat1	-1.4	0.0001			-1.1	0.0181	
Sept2			1.3	0.0001			
Bcat2					1.5	0.0007	
Etfa	1.2	0.0330			1.3	0.0069	
Ywhag					1.4	0.0027	
Ndufs3					1.2	0.0235	
Gsta4					1.4	0.0052	
Park7					1.3	0.0025	
Sod2					1.4	0.0002	
Prdx3					1.5	0.0013	
Nme1					1.2	0.0092	

Um weiterhin zu analysieren, ob die identifizierten Proteine in gemeinsamen Signalwegen aktiv sind, wurde mit dem Online-Tool Pathway Express (http://vortex.cs.wayne.edu/projects.htm#Pathway-Express) diesbezüglich eine Suche durchgeführt. Pathway Express nutzt als

Grundlage seiner Suche die online Datenbank KEGG (http://www.genome.jp/kegg/pathway.html.) Hierzu wurde eine Liste der Proteine mit den dazugehörigen fold-changes als Input-Datei in das Online Tool geladen.

Für jeden gefundenen Pathway wurden die entsprechenden Grafiken aus der KEGG Datenbank hinterlegt. Ein Beispiel für diese Grafiken ist in Abbildung 47 dargestellt. Die jeweiligen Proteine aus der eingespeisten Liste, welche im Pathway aktiv sind, wurden farbig (Rot) unterlegt.

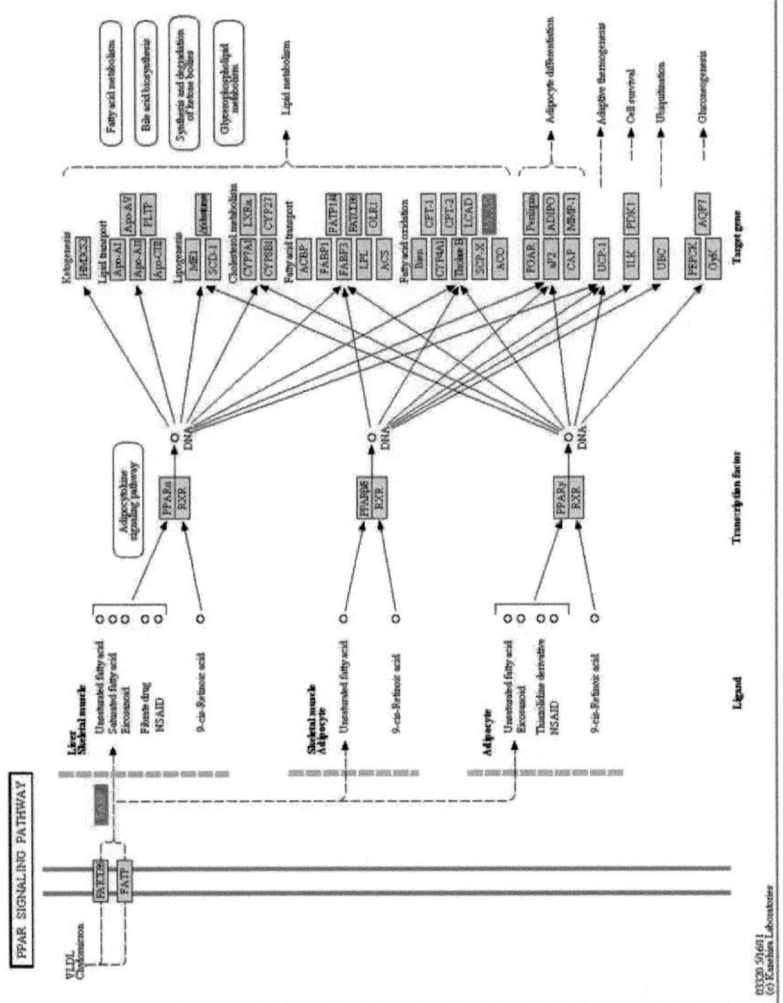

Abbildung 47: PPAR Signalweg aus der KEGG Datenbank - Die Grafik zeigt den PPAR Signalweg aus der KEGG Datenbank (erhalten über Suche mit Pathway Express). In Rot dargestellt sind die Proteine, welche durch die Exposition mit dem Mix verändert wurden.

Mithilfe des Pathway Express Tools konnten in der gemischten Exposition drei Signalwege identifiziert werden, in denen jeweils zwei Proteine aus der Liste der identifizierten Proteine aktiv sind. Diese waren der PPAR-Signalweg, der Parkinson- und der Huntington's Disease-Signalweg, wobei vor allem der PPAR-Signalweg für die vorliegende Arbeit von Bedeutung ist. Nach der Behandlung mit dem Mix wurde die Expression von Fabp5 und Acadm (=MCAD; Medium-chain specific acyl-CoA dehydrogenase) mit einem *fold-change* von jeweils 1.3 signifikant erhöht. Auch in der DEHP-Behandlungsgruppe wurde der PPAR Signalweg gefunden, da auch hier die Acadm, nicht aber Fabp5, signifikant erhöht war.

5.4.6 Validierung der Proteom-Analyse mittels qRT-PCR

Zur Validierung der Ergebnisse aus der Proteom-Analyse, wurden fünf für diese Arbeit interessante Proteine (Acadm, Glud1, Pgm2 (nach DEHP) und Pgm2 und Fh1 nach Mix) ausgewählt und auf mRNA-Ebene mittels qRT-PCR analysiert.

Die gemessenen Transkriptmengen der DEHP-Behandlungsgruppe zeigten bei keinem der untersuchten Gene eine signifikante Veränderung (Abbildung 48, A). In allen drei Fällen wurden jedoch in der Proteom-Analyse signifikante Erhöhungen der Protein-Expression gemessen. Die Expressionsdaten der Mix-Behandlungsgruppe zeigten signifikante Erhöhungen der Transkriptmenge von Pgam1 und Fh1, während Acadm, Glud1 und Pgm2 in ihrer Expression nicht verändert waren (Abbildung 48, B).

In der Proteom-Analyse wurde bei allen fünf Proteinen eine signifikante Erhöhung der Expression gemessen.

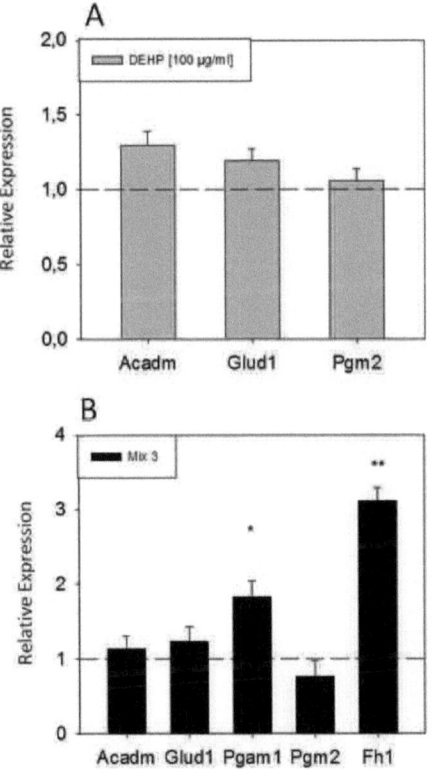

Abbildung 48: Validierung der Proteom-Analyse mittels qRT-PCR - Die Transkriptmenge der dargestellten Gene wurde mittels qRT-PCR quantifiziert. Gezeigt ist die relative Transkriptmenge von (A) Acadm, Glud1 und Pgm2 nach DEHP Behandlung und (B) Acadm, Glud1, Pgam1, Pgm2 und Fh1 nach gemischter Behandlung. N=6; P≤0.05 *; P≤0.01 **; *student's T-test*.

5.4.7 FACS-Analyse der C3H10T1/2-Differenzierungseffizienz in Adipozyten nach DEHP-, PCB- und DEHP+PCB-Exposition

Die Ergebnisse der FACS-Analyse zeigten keine signifikanten Unterschiede in der Differenzierungseffizienz zu Adipozyten (Abbildung 49).

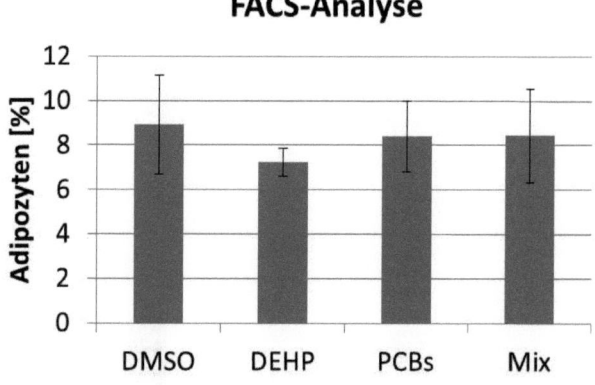

Abbildung 49: FACS-Analyse der C3H10T1/2-Differenzierungseffizienz zu Adipozyten nach DEHP-, PCB- und DEHP+PCB-Exposition - Die C3H10T1/2-Zellen wurden im undifferenzierten Zustand für 48 h mit DEHP, PCB und DEHP+PCB exponiert. Am Ende der Differenzierung wurden die Adipozyten mittels *Nile Red*-Färbung und FACS sortiert.

6. Diskussion

Was sind „*Developmental Origins of Health and Disease*"? Diese Frage war die Grundlage der vorliegenden Arbeit. Es gibt eine Vielzahl von Untersuchungen, welche einen direkten Zusammenhang zwischen der Umweltbelastung mit Industrie-Chemikalien und Volkskrankheiten wie Herzkreislauferkrankungen, Adipositas und Diabetes mellitus herstellen konnten (Schug et al., 2011; Janesick and Blumberg, 2011; Janesick and Blumberg, 2012; García-Mayor et al., 2012; Karoutsou and Polymeris, 2012; Holtcamp, 2012; Grün, 2010). Der rasante Anstieg von Stoffwechselerkrankungen in den letzten Jahren spricht für rezente Ursachen. Umweltchemikalien sind in der menschlichen Evolution relativ neu. Sind sie beteiligt und wenn ja, wie?

Die beiden Umweltkontaminanten DEHP und PCB sind plazentagängig (Silva et al., 2004; Correia Carreira et al., 2011) und somit in der Lage, bereits intrauterin den Fötus bzw. den sich entwickelnden Embryo zu erreichen und zu schädigen. Diese „Fehlprogrammierung" könnte sich auf die Gesundheit im Erwachsenenalter auswirken. Untersucht wurde der Einfluss einer frühen Exposition mit DEHP und/oder PCB auf die Differenzierung muriner embryonaler Stammzellen zu differenzierten Kardiomyozyten und Adipozyten. Hierbei lag der Fokus der Untersuchungen auf dem Glukose- und Fettstoffwechsel der Zellen.

6.1 Stammzellmodelle

Um die Barker (DOHaD-) Hypothese bezüglich des Einflusses von DEHP und/oder PCB zu untersuchen, wurden die pluripotente murine embryonale Karzinomzelllinie P19 und die multipotente murine Stammzelllinie C3H10T1/2 verwendet. Der Vorteil der P19-ECC liegt darin, dass die kardiomyogene Differenzierung embryonaler Stammzellen bis zum Stadium funktionaler differenzierter Zellen *in vitro* rekapituliert und analysiert werden kann (siehe 1.3.3).

In diesem Modell kann insbesondere der Einfluss der frühen Exposition mit DEHP, PCB und DEHP+PCB während der Phase des undifferenzierten Wachstums, also vor Festlegung der weiteren Zelldifferenzierung in z.B. Zellen der ekto-, endo- oder mesodermalen Richtung, untersucht werden. Auch stehen mit Markergenen der Differenzierung und des Metabolismus (Ppara/g, Fabp4 und Slc2a4), epigenetischen Markern (Dnmt1/3a, HDAC1) und kardialen Differenzierungsmarkern (Myh6, Gja1) zu verschiedenen Zeitpunkten der Differenzierung valide Untersuchungsendpunkte zur Verfügung. Die C3H10T1/2-Zellen differenzieren zu Adipozyten und wurden genutzt, um den Einfluss von DEHP und/oder PCB auf die Adipogenese in einer Proteom-Analyse zu untersuchen.

6.2 Verwendete Konzentrationen

Die untersuchten EDCs wurden jeweils in drei verschiedenen Konzentrationen eingesetzt. Die Dosierung von DEHP richtete sich dabei nach Publikationen, in welchen Stammzellen (Lim et al., 2009) oder adulte Zelllinien (Zhu et al., 2010; Gunnarsson et al., 2008) mit DEHP oder MEHP exponiert waren. Die eingesetzten Konzentrationen reichten von 10-1000 µM. Bei der Auswahl der Konzentration für die vorliegende Arbeit wurde berücksichtigt, in welcher Konzentration Menschen als Patienten mit DEHP in Berührung kommen, z.b. durch Blut aus Bluttransfusionsbeuteln. Hierbei schwankte die DEHP-Konzentration je nach Dauer der Lagerung zwischen 50 und 190 µg/ml (Shaz et al., 2011). Die in dieser Arbeit verwendeten DEHP-Konzentrationen lagen mit 5 µg/ml [12.8 µM], 50 µg/ml [128 µM] und 100 µg/ml [256 µM] demnach sowohl in niedrigeren umweltrelevanten als auch in höheren Konzentrationsbereichen, die in der Toxikologie genutzt werden.

Für die PCB-Konzentrationen wurde ähnlich vorgegangen. In Publikationen, in denen Kaninchenembryonen mit PCB exponiert worden waren, lagen die Konzentrationen zwischen 1 ng/ml und 1 µg/ml pro eingesetztem Kongener (Clausen et al., 2005; Kietz und Fischer, 2003). Studien, welche die Umweltbelastung mit PCB im mütterlichen Serum untersuchten, zeigten Belastungen zwischen 2 und 9 ng/ml (Gladen et al., 1988; Ayotte et al., 2003; Smits-van Prooije et al., 1996). In Nabelschnurblut belasteter Mütter bzw. Kinder wurden Werte zwischen 0.39 und 4.3 ng/ml PCB gemessen (Rogan et al., 1985; Gladen et al., 1988; Smits-van Prooije et al., 1996). Die in dieser Arbeit verwendeten Konzentrationen waren 1,

10 und 100 ng/ml PCB (PCB 101+118: 1:1 im Kongeneren-Gemisch). Somit lagen die PCB-Konzentrationen erneut sowohl in niedrigeren umweltrelevanten als auch in höheren pharmakologisch-toxikologischen Konzentrationsbereichen.

6.3 Myh6, Gja1 und die PPARs sind molekulare Marker für die kardiomyogene Differenzierung von P19-ECC

Im Verlauf der kardiomyogenen Differenzierung von P19-ECC veränderte sich die Expression der untersuchten kardialen Markergene Myh6 und Gja1 (Abbildung 16), aber auch die der PPARs (Abbildung 17). Letztere regulieren nicht nur den Metabolismus, sondern auch die Differenzierung von Zellen transkriptionell (Farmer, 2004). Im Fall von Myh6, Ppara und Pparg stieg die Expression im Verlauf der Differenzierung zu Kardiomyozyten stetig an und erreichte am 15. Kulturtag den höchsten Punkt. Bis Kulturtag 20 verringerte sich die Expression um bis zu 70 %. Die Expression von Gja1 verlief anders, da Gja1 bereits in embryonalen Stammzellen recht hoch exprimiert wurde. Dennoch kam es zunächst zu einer Verringerung der Expression, gefolgt von einer erneuten Erhöhung ab Tag 10. Auch Gja1 wurde am Tag 15 am höchsten exprimiert, gefolgt von einer Verringerung der Expression bis Tag 20.

Sowohl die kardialen Markergene Myh6 und Gja1 als auch Ppara und Pparg zeigten einen differenzierungsabhängigen Verlauf der Transkriptmenge, mit einem Höhepunkt am 15. Kulturtag. Diese Ergebnisse zeigen, dass die Expression der Markergene reproduzierbar stadienspezifisch ist und eine Änderung der Transkriptmenge zu verschiedenen Zeitpunkten möglicherweise auch zu Veränderungen im Differenzierungsprozess führen kann.

6.4 Eine DEHP-Exposition von P19-ECC im undifferenzierten Stadium beeinflusst die Expression der PPARs und ihrer Downstream-Gene, sowie die Differenzierung zu Kardiomyozyten

Der Fett- und Glukosestoffwechsel sind entscheidende Weichensteller in der Ätiologie der häufigsten Zivilisationskrankheiten wie Adipositas, Diabetes mellitus und Herzkreislauferkrankungen. Im Verlauf dieser Erkrankungen bedingt die eine oft die andere. Adipositas führt nach mehreren Jahren meist auch zu einem Typ II Diabetes, und jede Erkrankung für sich oder in Kombination zu Herzkreislauferkrankungen (Mandavia et al., 2012). Häufig sterben Diabetes-Patienten durch plötzliche asymptomatische Myokard-Infarkte (Nesto und Phillips, 1986).

Wichtige Markergene innerhalb der verantwortlichen Stoffwechselwege sind Ppara/g, Slc2a4 und Fabp4 (Habegger et al., 2012; Mansego et al., 2012; Wilding, 2012). Eine längerfristige Modulation der Expression dieser Markergene durch EDCs kann, je nach Ausprägung, zu Störungen der betroffenen Stoffwechselwege führen.

6.4.1 Dosis-Wirkungs-Beziehungen nach DEHP-Exposition in kardiomyogen differenzierenden P19-ECC

Die DEHP-Exposition von P19-ECC während des undifferenzierten Wachstums führte zu Veränderungen in der Expression aller untersuchten Markergene.

Betrachtet man die einzelnen Stadien und die Effekte der verschiedenen Dosierungen, so folgten die Veränderungen meist keiner klassischen linearen Dosis-Wirkungs-Kurve, sondern einer nicht-monotonen Dosis-Wirkungs-Kurve, z.B. einem *„inverted U-shape"* (Abbildung 24).

Ein *inverted U-shape* spiegelt, entgegen bisherigen Ansichten, eine realistischere Dosis-Wirkungs-Beziehung von Karzinogenen, Pharmazeutika oder EDCs wider. Ein reines Extrapolieren zu erwartender Wirkungen zwischen sehr hohen (meist aus Tierversuchen abgeleiteten) und sehr niedrigen (meist tatsächliche Umweltbelastung) Konzentrationen vernachlässigt die Tatsache, dass einzelne Zellen und Organe jeweils über spezifische Detoxifizierungs- und Anpassungs-Mechanismen verfügen (Calabrese, 2004; Hadley, 2003). Demzufolge waren auch die in der vorliegenden Arbeit erzielten Ergebnisse über die Wirkung von DEHP zu erwarten. Zu ihrer biologischen Einordnung müssen die Behandlungsgruppen isoliert betrachtet werden und mit Ergebnissen in anderen, z.B. *in vivo*-Studien abgeglichen werden.

6.4.2 DEHP bewirkt eine Störung des Metabolismus bei kardiomyogen differenzierenden P19-ECC sowie eine erhöhte Schlagfrequenz über die Modulation der PPAR-Expression

<u>100 µg/ml DEHP</u>

Die höchste Behandlungsgruppe [100 µg/ml DEHP] führte zunächst zu einer signifikanten Erhöhung der Expression von Pparg am Tag 15 der Differenzierung und anschließend zu einer signifikanten Reduktion der Expression am Tag 20 (Abbildung 22). Die erhöhte Expression von Pparg ging einher mit einer signifikanten Erhöhung seines *Downstream*-Gens Fabp4, ebenfalls am Tag 15 (Abbildung 23).

Eine erhöhte Pparg-Expression *in vivo* kennzeichnet Kardiomyopathien. Es kann durch die Heraufregulation von Fabp4 zu einer erhöhten Lipid-Akkumulation in Kardiomyozyten führen, ein Phänotyp, der sich bei Herzen von Patienten mit metabolischem Syndrom findet (Son et al., 2007a). Insulin spielt über den P13K/Akt-Signalweg eine wichtige Rolle in der kardialen Glukose-Aufnahme (Brownsey et al., 1997). Im unbehandelten diabetischen Individuum führt die Insulin-Resistenz dazu, dass der Energie-Metabolismus des Herzens umgestellt wird. Glukose wird als bevorzugtes Energiesubstrat durch eine erhöhte Nutzung von Fettsäuren ersetzt (Murakami et al., 2004; Lopaschuk und Spafford, 1989; Murthy und Shipp, 1977). Unter anderem hat diese Umstellung zur Folge, dass die Expression des Glukosetransporters 4 (Slc2a4) stark herunterreguliert wird (Huang et al., 2009). Posnack und Kollegen zeigten, dass auch nach einer DEHP-Exposition (50 und 100 µg/ml) neonataler Rattenherzen die Nutzung von Fettsäuren als Substrat signifikant anstieg (Posnack et al., 2012). Eine signifikante Erniedrigung des Glukosetransporters 4 (Slc2a4) wurde am Tag 20 der Differenzierung nach einer Behandlung mit 100 µg/ml DEHP beobachtet (Abbildung 23). An diesem Tag waren auch Pparg und Fabp4 signifikant herunterreguliert. Diese Erniedrigung der Expression von Pparg und Fabp4 könnte auf eine Apoptose der Kardiomyozyten aufgrund der durch DEHP-Exposition hervorgerufenen metabolischen und funktionellen Veränderungen zurückzuführen sein. Posnack und Kollegen zeigten, dass nach einer DEHP-Exposition neonataler Rattenherzen die Masse der Mitochondrien durch einen erhöhten Bedarf an Sauerstoff (durch erhöhte ß-Oxidation) signifikant anstieg (Posnack et al., 2012). Möglich ist, dass die Mitochondrien aufgrund einer Substrat-Limitation im Medium den durch die erhöhte Schlagfrequenz wiederum erhöhten Energie-Bedarf der Zellen nicht mehr decken konnten. Dieses Phänomen wurde auch von Kuramochi und Mitarbeitern beobachtet (Kuramochi et al., 2006). Eine mögliche Ursache für Apoptose wäre eine schädliche Erhöhung von reaktiven Sauerstoffspezies (ROS) durch eine Dysfunktion der Mitochondrien. Die Bildung von ROS kann zur Freisetzung von Cytochrom C führen, welches wiederum über Caspase 9 die Caspase-Kaskade in Gang setzt (Atlante et al., 2000). Diese Form der Beeinträchtigung der Myokardfunktion, nämlich eine Erhöhung der Expression von Caspase 3 und von Bax als weitere Möglichkeit der induzierten Apoptose konnte jedoch in der vorliegenden Arbeit nicht detektiert werden (Abbildung 27).

Generell können verschiedene Stressoren (u.a. ROS) zur Aktivierung von Apoptose-induzierten Proteinen in Mitochondrien führen. Diese Proteine sind der *Apoptosis Inducing Factor* (AIF) und Endonuklease G (ENDO G). Sie werden nach Aktivierung in den Zellkern transloziert, wo sie eine Caspase- und Cytochrom C-unabhängig Apoptose auslösen. Dieser Weg wird als Mitochondrien-abhängige Apoptose bezeichnet und ist der Cytochrom C-Freisetzung vorgeschaltet (Liu et al. 2011; Li et. al 2001). Aus diesem Grund ist nicht auszuschließen, dass es in den Kardiomyozyten in der höchsten Behandlungsgruppe zu dieser frühen Form der Apoptose kam.

Schulz und Kollegen konnten zeigen, dass eine chronische Überstimulation von Kardiomyozyten (Modell für chronische Tachykardie) zu einer Aktivierung von Akt, JNK, Erk und p38 Stress-Kinasen führte und dass die Aktivierung von JNK und p38 MAPK mit einer erhöhten Apoptose-Rate der stimulierten Kardiomyozyten korrelierte (Schulz et al., 2003). Eine Aktivierung von JNK und p38 MAPK führte wiederum durch Phosphorylierung zu einer Reduktion der Aktivität von Pparg (Camp et al., 1999; Hu et al., 1996). Eine weitere Möglichkeit eines „lipotoxischen Effekts" beschrieben Chiu und Kollegen. Sie zeigten, dass eine erhöhte Aufnahme von Fettsäuren bei gleichzeitig nicht ausreichender β-Oxidation der aufgenommenen Fettsäuren zu Lipid-spezifischen toxischen Intermediaten (z.B. kardialem Ceramid) innerhalb der Kardiomyozyten führt. Diese seien dann verantwortlich für die Apoptose der Zellen (Chiu et al., 2001; Son et al., 2007b).

Morrow und Kollegen zeigten an Mäusen, welche Pparg überexprimierten, dass diese eine spontane ventrikuläre

Tachykardie aufwiesen, was in der Folge zu einem plötzlichem Herztod der Tiere führte (Morrow et al., 2011). Eine DEHP-Behandlung der kardiogen differenzierten P19-ECC führte ebenfalls zu einer signifikanten Erhöhung der Schlagfrequenz im Vergleich zur Kontrolle, sowohl in der höchsten [100 µg/ml DEHP] als auch in der mittleren Behandlungsgruppe [50 µg/ml DEHP] (Abbildung 26).

Eine Überexpression von Pparg führte bei Morrow und Mitarbeitern zu einer erniedrigten Expression des Gap Junction Proteins Cx43 (Gja1), welches im Herzen entscheidend für die Reizweiterleitung ist. Eine signifikante Erniedrigung der Expression von Gja1 in der höchsten Behandlungsgruppe [100 µg/ml DEHP] wurde in der vorliegenden Arbeit am Kulturtag 20 gemessen (Abbildung 21) und folgte auch hier einer erhöhten Expression von Pparg (Abbildung 22). Jedoch konnten Morrow und Kollegen zeigen, dass die Reizweiterleitung durch eine Erniedrigung der CX43 Protein-Expression um 50 % kaum beeinträchtigt wurde. Erst eine Reduktion um 70 % führte zu einer verlangsamten Reizweiterleitung. Morrow und Mitarbeiter führten die beobachtete Tachykardie auf ein Pparg induziertes *„electric remodeling"* zurück, welches u.a. mit einer Reduktion von Kalium-Kanälen einherging und in Kombination mit erhöhter Lipid-Akkumulation zu einem plötzlichen Herzversagen führte. Lin und Mitarbeiter führten Untersuchungen an Herzen diabetischer Ratten durch und fanden mittels konfokaler LSM eine Reduktion von CX43 in den Disci intercalares (den sog. Glanzstreifen). Sie führten diese Reduktion von CX43 auf eine Hyperphosphorylierung des Proteins durch Proteinkinase Cε (PKCε) zurück. Proteinkinase Cε wurde in der Arbeit von Lin und Kollegen als jene Isoform identifiziert, welche im diabetischen Herzen aktiviert wird (Lin et al., 2006). Diese Proteinkinase wurde in der vorliegenden Studie nicht untersucht. Aber die anderen zitierten Befunde und die eigenen Daten stützen die Annahme, dass Connexin 43 an den funktionellen Störungen der Herzmuskelzellen beteiligt war.

50 µg/ml DEHP

In der mittleren Behandlungsgruppe [50 µg/ml DEHP] zeigten sich ähnliche Effekte wie in der höchsten Gruppe. Neben einer signifikanten Erhöhung der Expression von Pparg am Tag 15 und 20 der Differenzierung kam es zu einer signifikanten Erhöhung der Expression von Ppara am Tag 15 (Abbildung 22). Es ist bekannt, dass Ppara ähnlich wie Pparg eine wichtige regulatorische Bedeutung im Herzen (Barger und Kelly, 2000) und vor allem im diabetischen Herzen besitzt (Finck et al., 2002). Die Erhöhung der Expression von Ppara führte dementsprechend zu einer signifikanten Erhöhung der Expression seiner *Downstream*-Gene Fabp4 und Slc2a4, jeweils ebenfalls am Tag 15 der Differenzierung (Abbildung 23). Der signifikanten Erhöhung der Expression von Pparg am Tag 20 folgend war die Expression von Fabp4 ebenfalls am Tag 20 signifikant erhöht. In der mittleren Behandlungsgruppe [50 µg/ml DEHP] kam es damit zu einem kombinierten Effekt von erhöhter Ppara- und Pparg-Expression, welcher zu einem ähnlichen Phänotyp wie in der höchsten Behandlung [100 µg/ml DEHP] führte, einer erhöhten Schlagfrequenz (Abbildung 26).

Ein Unterschied im Expressionsprofil ist allerdings, dass die Erhöhung der Expression von Ppara und Pparg höher ausfiel als in der höchsten Behandlungsgruppe [100 µg/ml DEHP] und eine

Herunterregulation der Expression am Tag 20 nicht zu beobachten war. Dies könnte an einem zweiten Unterschied zwischen beiden Behandlungsgruppen liegen. In der mittleren Behandlungsgruppe [50 µg/ml DEHP] waren nämlich die Expression des Glukosetransporters 4 (Slc2a4) und von Fabp4 am Tag 15 signifikant erhöht. Am 20. Kulturtag unterschied sich die Slc2a4-Expression nicht von der DMSO-Kontrolle und Fabp4 wurde weiterhin höher exprimiert. Es war den Kardiomyozyten in diesem Fall also möglich, neben Fettsäuren auch Glukose als Energie-Substrat zu verwenden, was eventuell dazu führte, den möglichen Substratmangel durch hohe chronische Belastung, wie er in der höchsten Behandlungsgruppe möglicherweise auftrat, abzupuffern.

5 µg/ml DEHP

Die niedrigste Behandlung mit 5 µg/ml DEHP zeigte nur wenige signifikante Veränderungen in der Expression der untersuchten Markergene. Sie führte zu einer signifikant erhöhten Expression von Pparg am Tag 10, welche mit einer signifikant erhöhten Expression von Slc2a4 am Tag 10 einherging (Abbildung 18). Ppara und Fabp4 wurden nicht verändert. Auch in den nachfolgenden Stadien gab es keinerlei weitere Veränderungen.

Diese Ergebnisse zeigen, dass die frühe DEHP-Exposition zwar auch in der niedrigsten Konzentration einen Einfluss auf die Expression metabolischer Markergene hat, diese aber nicht zu einem auffälligen Phänotyp führten. Dieser Eindruck wurde bei der Analyse des Einflusses einer frühen DEHP-Exposition auf die Differenzierungsgeschwindigkeit der Zellen in funktionale Kardiomyozyten bestätigt (6.4.3).

6.4.3 DEHP-Exposition bewirkt eine beschleunigte Differenzierung der P19-ECC in Kardiomyozyten

Für die Analyse der kardialen Differenzierung diente zunächst die Expression des kardialen Markergens Myh6. Dieses hatte sich als Marker für die Differenzierung von P19-ECC in Kardiomyozyten bereits bewährt (Tonack et al., 2007b; Gong et al., 2008). In der höchsten Behandlungsgruppe [100 µg/ml DEHP] führte eine frühe DEHP-Exposition zur signifikanten Erhöhung der Myh6-Transkriptmenge am Tag 15 (Abbildung 21), gefolgt von einer signifikanten Erniedrigung am Tag 20. Bei Herzversagen ist, ungeachtet der Ätiologie, eine reduzierte Expression von Myh6 charakteristisch (Nakao et al., 1997).

In der mittleren Behandlungsgruppe [50 µg/ml DEHP] führte eine frühe DEHP-Exposition zur signifikanten Erhöhung der Expression von Myh6 am Tag 15 und 20 der Differenzierung. Diese Erhöhungen gingen einher mit einer beschleunigten Differenzierungsgeschwindigkeit im Vergleich zur DMSO-Kontrolle. Diese manifestierte sich signifikant am Tag 14 [50 µg/ml] und am Tag 17 [100 µg/ml] der Differenzierung. Ab diesem Zeitpunkt zeigten die behandelten EBs [50 und 100 µg/ml], welche die kardiomyogene Richtung einschlugen, signifikant mehr kontraktile Zentren als die Kontrollgruppe. Es kamen danach keine weiteren schlagenden EBs hinzu (Abbildung 25). In der Kontrollgruppe begannen EBs, auch nach dem 17. Kulturtag schlagende Zentren zu bilden.

Die niedrigste Behandlungsgruppe [5 µg/ml] zeigte eine Herunterregulation der Myh6 am Kulturtag 20. Diese blieb in den durchgeführten Analysen ohne phänotypischen Befund, da die Differenzierungsgeschwindigkeit der Kontrollgruppe entsprach.

Zusammenfassend ist festzustellen, dass eine frühe DEHP-Exposition eine Veränderung des Differenzierungsprogrammes zur Folge hatte. Entsprechend der erhöhten Expression der beiden PPARs folgte eine Erhöhung der Expression der Downstream-Gene Slc2a4 und/ oder Fabp4. Phänotypisch zeigte sich in beiden Behandlungen eine beschleunigte kardiomyogene Differenzierung der P19-ECC und eine tachykarde Schlagfrequenz. All diese Faktoren zusammen betrachtet ähneln dem *in vivo*-Phänotyp eines diabetischen Herzens (Finck et al., 2002; Morrow et al., 2011).

6.4.4 DEHP-Exposition kardiomyogen differenzierender P19-ECC führt zu differentieller Methylierung spezifischer CpGs in PPAR-Promotoren

Die Effekte durch DEHP-Exposition traten mit einer Latenz von 5-15 Tagen nach der Exposition in den differenzierten Kardiomyozyten auf. Zu diesem Zeitpunkt konnte jegliche direkte Interaktion von DEHP mit z.B. den PPARs ausgeschlossen werden. Es steht also die Frage im Raum, welche Mechanismen zu diesen späten Veränderungen führten. Im Tiermodel konnte bereits gezeigt werden, dass EDCs wie Vinclozolin, Bisphenol A, DEHP und PCB den epigenetischen Status während der frühen Embryonalphase verändern können (Anway et al., 2006; Chang et al., 2006; Dolinoy et al., 2007; Wu et al., 2010; Martinez-Arguelles et al., 2009).

Naheliegend waren demnach epigenetische Veränderungen, welche im Rahmen dieser Arbeit näher untersucht wurden.

Bei der Analyse des Einflusses einer frühen DEHP-Exposition von embryonalen Zellen auf regulatorische und metabolische Marker während der Differenzierungsphase zeigten sich signifikante Veränderungen der Expression vor allem in den letzten beiden Stadien der Differenzierung (Tag 15-20). Die beobachteten Veränderungen der Expression, der Differenzierung und auch der Schlagfrequenz hatten demnach möglicherweise ihren Ursprung in epigenetischen Modifikationen, welche in der Phase der *de novo*-Methylierung im undifferenzierten Stadium stattgefunden haben müssen. Diese können durch unterschiedliche Art und Weise wie Promotor-(De-) Methylierung bestimmter Gene und/oder Histonmodifikationen (z.B. (De-) Methylierung, (De-) Acetylierung) erfolgt sein.

Die kovalente Methylierung der DNA an Cytosinen ist ein vererbbarer reversibler Prozess, welcher entscheidend für die normale embryonale Entwicklung ist. Sie ist an die Regulation der Expression von Genen, der Inaktivierung des X-Chromosoms und am genomischen Imprinting beteiligt. Im Säuger-Genom macht 5-Methyl-Cytosin zwischen 2 und 5 % aller Cytosine aus. Es befindet sich hauptsächlich in CpG-Dinukleotiden (Lister et al., 2009; Millar et al., 2003). Methylierung in CpG-Dinukleotiden findet man vor allem in der Nähe wichtiger cis-Elemente in Promotoren, was in der Regel zu einem kondensierten Status des Chromatins führt und mit einer Inhibierung der Transkription einhergeht (Orphanides und Reinberg, 2002). Histone können durch Acetylierung, Methylierung, Phosphorylierung, Glykosylierung, SUMOylierung und ADP-

Ribosylierung modifiziert werden (Suganuma und Workman, 2008). Die häufigsten Modifikationen sind Acetylierung und Methylierung von Lysin-Resten der N-Termini von Histon 3 (H3) und Histon 4 (H4). Eine erhöhte Acetylierung induziert eine Transkriptions-Aktivierung, während eine verringerte Acetylierung zu einer Transkriptions-Inhibierung führt. Methylierung von Histonen kann, je nach Position des Lysin-Restes, sowohl zu einer Aktivierung als auch zu einer Inhibierung der Transkription führen (Yan und Boyd, 2006).

Während der Embryonalentwicklung gibt es zwei große Wellen von Genom-weiter epigenetischer Reprogrammierung. Diese finden während des Zygoten-Stadiums und während der Bildung der primordialen Keimzellen statt. Während der Präimplantationsphase wird das Genom komplett demethyliert, um der Zygote Totipotenz zu verleihen. Dieser Zustand bleibt bis zum Blastozystenstadium erhalten. Zum Zeitpunkt der Implantation kommt es zur *de novo*-Methylierung durch Dnmt3a und 3b, wodurch die Differenzierung in verschiedene Zelllinien gestartet wird (Shi und Wu, 2009; Mayer et al., 2000; Santos et al., 2002; Sassone-Corsi, 2002). Die zweite Reprogrammierungs-Welle findet ebenfalls in der Embryogenese statt, allerdings nur in den primordialen Keimzellen.

In der vorliegenden Arbeit wurde der Verlauf der Expression der Dnmts sowie der Hdac1 während der Differenzierung der P19-ECC untersucht. Die Dnmt3a-Daten zeigten zwei Höhepunkte der Expression, und zwar am Tag 5 und 15. Zwischen diesen beiden Tagen kam es zu einer Verringerung der Transkriptmenge. Dieser Verlauf ist insofern bemerkenswert und interessant, als der Zeitpunkt der DEHP-Exposition im Zeitfenster der ersten Phase hoher Dnmt3a-Expression lag, und die 2. Phase am Tag 15 in die Zeit der höchsten Expression der PPARs und ihrer Downstream-Gene, sowie der kardialen Marker (Abbildung 16, Abbildung 17, Abbildung 18 und 21) fällt.

LUMA und Expressions-Analysen

Am letzten Kulturtag wurden DNA-Proben DEHP behandelter P19-ECC gewonnen und für Methylierungsanalysen verwendet. Zunächst wurde mit Proben der höchsten Behandlungsgruppe [100 µg/mlDEHP] ein LUMA (4.12.1) durchgeführt. Dieser sollte Auskunft über den Einfluss von DEHP auf den globalen Methylierungsstatus der Zellen geben. Es zeigten sich jedoch keine Veränderungen im globalen Methylierungsstatus (Abbildung 29). Die Zellen waren sowohl in der Behandlungs- als auch in der Kontrollgruppe hypomethyliert. Es muss in Kenntniss der folgenden Daten zur CpG-Methylierung davon ausgegangen werden, dass der LUMA nicht geeignet ist, kleinere Methylierungsveränderungen z.B. in Promotorregionen zu analysieren. Auch würden sich die wenigen Methylierungs- und Demethylierungsereignisse wie im Falle von Ppara in der Summe aufheben. Ein LUMA scheint besser geeignet zur Untersuchung von Tumor- und Nicht-Tumorgewebe, wo es zu deutlichen Unterschieden in der globalen Methylierung kommt.

Weiterhin wurde mittels qRT-PCR untersucht, ob sich die Transkriptmengen methylierungsspezifischer Marker wie Dnmt1, Dnmt3a und Hdac1 unter DEHP-Exposition veränderten. In der höchsten Behandlungsgruppe kam es zu signifikanten Erhöhungen der Dnmt3a-Expression am Tag 10 und 20. In der mittleren Behandlungsgruppe zeigte sich eine signifikante Erhöhung der

Dnmt1-Expression am Tag 10 (Abbildung 28). Vor allem die erhöhte Expression der Dnmt3a diente als Indiz für eine mögliche Erhöhung von CpG-Methylierungen in Promotorregionen. Dass es einen Zusammenhang zwischen einer erhöhten Dnmt3a-Expression und erhöhter CpG-Methylierung gibt, konnten Wu und Kollegen zeigen (Wu et al. 2010; Wu et al. 2010). Aus diesem Grund wurden DNA-Proben vom letzten Kulturtag aller Behandlungsgruppen zur Analyse in der Pyrosequenzierung eingesetzt. Untersucht wurden die Promotoren von Ppara, Pparg1 und Slc2a4. Diese drei Gene wurden ausgesucht, da bereits aus der Literatur bekannt war, dass eine differentielle Methylierung der Promotor-Regionen an der Regulation der Transkription beteiligt ist (Lillycrop et al., 2008; Yokomori et al., 1999; Fujiki et al., 2009).

Promotormethylierung

Die Methylierung des Ppara-Promotors in Summe wurde durch die frühe Exposition mit DEHP in allen drei Behandlungsgruppen nicht verändert und lag durchschnittlich zwischen 1.5 und 2 %. In diesem Fall spricht man von einer Hypomethylierung der DNA. Die Schwankungen in der Gesamt-Methylierung sind möglicherweise durch die unterschiedlichen Differenzierungseffizienzen in den Versuchen zu erklären.

Die DEHP-Exposition führte zu signifikanten Veränderungen der CpG Methylierung ($p<0.001$) von einzelnen CpGs, wobei es sowohl zu einer Methylierung als auch einer De-Methylierung der veränderten CpGs im Ppara-Promotor kam (Abbildung 30). Ähnliche Beobachtungen bezüglich der Varibilität der DEHP-Effekte auf die Methylierung von CpGs im Ppara-Promotor machten Martinez-

Arguelles und Mitarbeiter. Sie untersuchten die differentielle Methylierung von verschiedenen Rezeptoren (MR, PPARa, C/EBPa u.a.) in Leydig-Zellen von Mäusen, welche *in utero* mit DEHP exponiert worden waren. Die Variabilität der Methylierungseffekte könnte darauf zurückzuführen sein, dass Leydig-Zellen nur 5 bis 7 % der Zellen im Testes ausmachen und kleinere genomische Veränderungen durch Keimzellen (z.B. Sertoli-Zellen) maskiert werden (Martinez-Arguelles et al., 2009). Diese Vermutung liegt auch im P19 Zellmodel nahe, da auch die Kardiomyozyten nur einen Teil des Zellgemisches ausmachen. Der genaue prozentuale Anteil kann nur geschätzt werden. Eine Publikation von Moore und Kollegen beziffert den Anteil der Kardiomyozyten in einem P19Cl6 GFP Modell mit 25 ± 9.1 %. Das Differenzierungsprotokoll von Moore zeigt Abweichungen von dem in dieser Arbeit verwendeten Protokoll. Die P19 EBs wurden bei Moore in Co-Kultur mit END2 Zellen (endodermales Derivat der P19-ECC, welches Mesoderm induzierende Faktoren sezerniert) kultiviert, wodurch die Effizienz der Differenzierung vermutlich etwas größer war als in der vorliegenden Arbeit (Moore et al., 2004).

Die Methylierung des Pparg1-Promotors zeigte eine durchschnittliche Methylierung zwischen 1.5 und 2.2 %, welche in Summe durch eine DEHP-Exposition nicht beeinflusst wurde. Allerdings kam es zu signifikanten Erhöhungen der Methylierung spezifischer CpGs ($p<0.001$). Die meisten differentiell methylierten CpGs traten in der niedrigsten Behandlungsgruppe [5 µg/ml DEHP] auf. Auffällig war hierbei die erhöhte Methylierung des CpG 17, da diese in allen drei Behandlungsgruppen auftrat.

In der analysierten Promotorregion von Slc2a4 kam es zu keinerlei Veränderungen in der CpG-Methylierung durch eine DEHP-Exposition. Inwiefern die Veränderungen der CpG-Methylierungen zu biologischen Effekten führt, konnte nicht abschließend geklärt werden, da eine signifikante Repression von z.B. Pparg am Kulturtag 20, außer in der höchsten Behandlungsgruppe [100 µg/ml DEHP], nicht festzustellen war. In der mittleren Behandlungsgruppe kam es sogar im Gegenteil zu einer signifikanten Erhöhung der Transkription. In breiter angelegten Studien zur Analyse der Promotormethylierung im gesamten Genom, in Kombination mit RNA-*Microarrays*, könnten Effekte außerhalb der in dieser Arbeit untersuchten Regionen detektiert und charakterisiert werden.

CpG-assoziierte Transkriptionsfaktorbindestellen

Methylierungen einzelner CpGs können Effekte auf die Expression ihrer nachgeschalteten Gene haben. Diese Beobachtung konnten Martinez-Arguelles und Mitarbeiter im Fall des Mineralcorticoid-Rezeptors (MR) machen. Sie untersuchten drei aufeinanderfolgende CpGs im MR-Promotor (CpG 15-18), welche in der Kontrollgruppe methyliert und in der *in utero* mit DEHP exponierten Gruppe demethyliert waren. Eine *in vitro*-Analyse mittels eines Vektors mit Luciferase-Sequenz zeigte, dass Mutationen jedes einzelnen der drei untersuchten CpGs zu einer reduzierten Luciferase-Aktivität führten (Martinez-Arguelles et al., 2009). Auch Lillycrop und Kollegen zeigten, dass, obwohl die Promotor-Methylierung nur 4 bis 10 % betrug, bereits De-/-Methylierungen weniger CpGs im Promotor von Ppara zu regulatorischen Effekten führten (Lillycrop et al., 2005; Lillycrop et al., 2008). Sie argumentieren, dass gerade diese feinen Veränderungen vor allem in den Promotoren von Transkriptionsfaktoren zu den graduellen Phänotypen führen, welche in der frühen Entwicklung entstehen. Große offensichtliche phänotypische Veränderungen geschehen ihrer Meinung nach durch große Veränderungen in der Methylierung von *imprinted genes*.

Veränderungen eines einzelnen CpGs im Promotor eines Gens können wichtige regulatorische Folgen haben, wenn diese Veränderung in dem Bindemotiv eines Transkriptionsfaktors stattfindet. Letzteres wurde in der vorliegenden Arbeit mithilfe eines Online-Tools (5.2.9) analysiert. Im Falle des Pparg1-Promotors und den darin durch DEHP differentiell veränderten CpGs ergaben sich Bindestellen für insgesamt 21 Transkriptionsfaktoren (TF) (Abbildung 34). Für drei dieser TFs (GATA-1, SREBP und E2F) gibt es in der Literatur Hinweise, die zeigen, dass diese vier TFs entscheidend an der Regulation der Pparg-Expression beteiligt sind.

Die Transkriptionsfaktoren der GATA-Familie inhibieren die Pparg-Expression und somit z.B. auch die Adipozytendifferenzierung über eine Bindung an ihrem responsiven Element im Pparg-Promotor (Tong et al., 2000). SREBP-1 bindet an sein responsives Element im Pparg1- und Pparg3-Promotor und aktiviert damit die frühe Pparg-Expression während der Adipogenese (Fajas et al., 1999). Die Umschaltung von Preadipozyten im Zellarrest in die S-Phase hängt von der Reaktivierung von G1-Cyclinen und dem *pocket-proteins-E2F* Signalweg ab, welcher die G1-/S-Phase Transition des Zellzyklus kontrolliert. Pparg wird sofort exprimiert, sobald die Zellen in die klonale Phase der Zellexpansion eintreten. Dass die Pparg-Expression durch E2Fs über Bindestellen im Pparg-Promotor aktiviert wird, konnten Fajas und Mitarbeiter belegen (Fajas et al., 2002). Alle drei Bindestellen umfassten das CpG 16, welches in der höchsten Behandlungsgruppe signifikant höher methyliert war. Ein GATA-1-Bindemotiv umfasste auch das CpG 2, welches in der niedrigsten Behandlungsgruppe signifikant höher methyliert war.

Auffällig viele Bindestellen in beiden PPAR-Promotoren gab es für den TF Sp1. Degrelle und Mitarbeiter untersuchten die Bedeutung der Expression von DLX3, Pparg und Sp1 für die bovine Trophoblasten-Entwicklung. Sie konnten zeigen, dass alle drei TFs am Tag 25 in den Nuclei des Trophoblasten co-lokalisiert vorlagen. Sie stellten die Hypothese auf, dass DLX3 und Pparg für die bovine Trophoblasten-Entwicklung eine entscheidende Rolle spielen und ihre Expression jeweils durch Sp1 reguliert wird (Degrelle et al., 2011).

Dass DEHP einen Einfluss auf die Methylierung von CpGs hat wurde in Publikationen bereits belegt (Wu et al., 2010; Wu et al., 2010; Martinez-Arguelles et al., 2009) und konnte in der vorliegenden Arbeit bestätigt werden. Die biologische Relevanz konnte in dieser Arbeit nicht geklärt werden. Eine erhöhte Methylierung der genannten CpGs kann durch sterische Hemmung die Bindung wichtiger Transkriptionsfaktoren verhindern und damit biologisch relevante Effekte hervorrufen. Es muss ferner berücksichtigt werden, dass lediglich drei Promotoregionen, und diese nur in einem repräsentativen Abschnitt des Gesamt-Promotors, untersucht wurden. Veränderungen im Methylierungsprofil können ebenso außerhalb des untersuchten

Abschnittes oder auch in Promotor-Regionen anderer Gene stattgefunden haben, welche im Rahmen dieser Arbeit nicht untersucht wurden. Insofern erbrachte die vorliegende Arbeit Einzelbelege, nicht jedoch ein übergeordnetes, vollständiges Bild.

6.5 Eine PCB-Exposition von P19-ECC im undifferenzierten Stadium beeinflusst die Expression der PPARs, ihrer *Downstream*-Gene sowie den AhR-Signalweg

Den Auswirkungen einer PCB-Exposition während der Embryonalentwicklung wurde von mechanistischer Seite bisher kaum Aufmerksamkeit geschenkt. Es gibt eine Reihe von epidemiologischen Studien, welche Korrelationen zwischen PCB-Exposition bei Erwachsenen und Kindern, die *in utero* exponiert worden waren, untersuchten. Es wurden Immundefekte, neurologische Defekte und Erkrankungen des Metabolischen Syndrom festgestellt (Crinnion, 2011; Everett et al., 2011). In Tierstudien konnte gezeigt werden, dass eine PCB-Exposition während der Schwangerschaft zu Prä- und Postimplantationsverlusten von Embryonen und einer reduzierten Überlebensrate der Nachkommen führte (Seiler et al., 1994; Ahlborg et al., 1992; Battershill, 1994). Außerdem konnte im Mausmodell gezeigt werden, dass eine *in utero* Exposition mit PCB reproduktionstoxische Effekte im männlichen Geschlecht hervorrief, welche bis in die dritte Generation „vererbt" wurden (Pocar et al. 2011). Vor allem die letzte Studie zeigt, dass es eine fetale

Fehlprogrammierung durch PCB geben muss, wobei der Mechanismus ungeklärt bleibt.

In dieser Arbeit wurde untersucht, ob eine frühe PCB-Exposition (PCB 101 +118) einen Einfluss auf die Programmierung von kardiomyogen differenzierenden P19-ECC ausübt. Der Fokus lag auf dem Glukose – und Fettstoffwechsel. Es wurden dieselben Marker wie bei der frühen DEHP-Exposition untersucht (PPARs, Slc2a4, Fabp4, Myh6 und Gja1, Dnmts und Hdac1).

PPARs und *Downstream*-Gene

Die Expressionsdaten zeigten in allen drei Behandlungsgruppen [1, 10, 100 ng/ml] keine Veränderungen bei Pparg (Abbildung 36). Dies war überraschend, da die Expression von Fabp4, einem *Downstream*-Gen von Pparg, am Tag 5 und 15 signifikant erhöht war (Abbildung 37).

Einer Herunterregulation der Expression von Ppara am Tag 7 in der mittleren Behandlungsgruppe [10 ng/ml] folgte eine Herunterregulation des *Downstream*-Gens Slc2a4 (Abbildung 37). In der höchsten Behandlungsgruppe [100 ng/ml] kam es bei Slc2a4 zu einer signifikanten Erhöhung der Expression am Tag 7 sowie in der niedrigsten Behandlungsgruppe [1 ng/ml] am Kulturtag 10. Sowohl Fabp4 als auch Slc2a4 sind *Downstream*-Gene von Ppara und Pparg, folgten aber in den beiden letztgenannten Fällen nicht der Expression der PPARs.

Cyp1a1

Möglich wäre eine Beeinflussung der Regulation der Expression durch den Arylhydrocarbon-Rezeptor (AhR). Der AhR wird durch exogene Liganden wie Dioxin (TCDD), aber auch durch dioxinähnliche co-planare PCB, wie das PCB 118, aktiviert (Bannister und Safe, 1987). Sowohl in Wistar-Ratten als auch in HepG2-Zellen konnten Shaban und Mitarbeiter zeigen, dass eine Aktivierung des AhR die Expression von Ppara signifikant reduzierte (Shaban et al., 2004). Dies würde allerdings nur die Erniedrigung der Expression von Ppara am Tag 7 erklären, nicht aber die Heraufregulation von Fabp4 und Slc2a4.

Arsenescu und Mitarbeiter exponierten 3T3L-1 Zellen mit dem coplanaren PCB 77 sowie dem nicht-coplanaren PCB 153. Sie begannen die Exposition der Zellen im Präadipozyten-Stadium und setzten diese bis zum 8. Tag der Differenzierung fort. Es zeigte sich, dass die Exposition mit PCB 77, nicht aber mit PCB 153, zu einer signifikant erhöhten Expression von Pparg sowie Fabp4 führte. Dieser Effekt konnte in C57BL/6, nicht aber in AhR-/- Mäusen verifiziert werden. Diese Ergebnisse beruhten demnach auf einem AhR-abhängigen Signalweg (Arsenescu et al., 2008). In der vorliegenden Arbeit konnte eine signifikante Erhöhung des Transkripts von Pparg nicht gezeigt werden. Allerdings ist zu berücksichtigen, dass es in der niedrigen und hohen Behandlungsgruppe am Tag 7 einen Trend zur Heraufregulation der Expression gab, der aufgrund hoher Standardabweichungen statistisch nicht signifikant war. Ob es dennoch ausreichte die Transkription von Fabp4 und Slc2a4 zu aktivieren, kann nur als Hypothese angenommen werden.

Ob der AhR-Signalweg durch das PCB-Kongenerengemisch ebenfalls aktiviert bzw. beeinflusst wurde, wurde anhand der Expression von Cyp1a1 untersucht (Abbildung 39). Dieses Gen ist das Standard-Zielgen, um eine Aktivierung des AhR nachzuweisen (Borlak und Thum 2002b). Die Expressionsdaten zeigten eine deutliche Erhöhung der Cyp1a1-Transkriptmenge am Tag 15 der Differenzierung im Vergleich zur DMSO-Kontrolle. Ähnliche Beobachtungen machten Tonack und Mitarbeiter, welche P19-ECC in der *hanging drop*-Phase mit TCDD exponierten. TCDD ist der potenteste exogene Ligand des Ah-Rezeptors (Riebniger und Schrenk, 1998). Er führte zu einer erhöhten Expression von Cyp1a1 am Tag 10 und 15 (Tonack et al., 2007a). Anschließend kam es bei Tonack und Kollegen ebenfalls zur Reduktion der Cyp1a1-Expression am Kulturtag 20 auf ein einheitliches Niveau in der Kontroll- und Behandlungsgruppe.

Demnach kann in der vorliegenden Arbeit von einer Beeinflussung des AhR-Signalweges durch PCB-Exposition ausgegangen werden, wobei es wahrscheinlich ist, dass das co-planare dioxinähnliche PCB 118 der Ligand/Aktivator des Ah-Rezeptors war (Rom und Markowitz, 2006).

Myh6

Die Expression des kardialen Markers Myh6 war nach PCB-Exposition in der höchsten Behandlungsgruppe [100 ng/ml PCB] am Tag 15 und in der niedrigsten [1 ng/ml PCB] am Tag 10 signifikant erhöht (Abbildung 35). In der mittleren Behandlungsgruppe [10 ng/ml PCB] kam es am Kulturtag 20 zu einer signifikanten Reduktion der Expression.

Eine Erhöhung der Myh6-Expression nach Aroclor 1254-Exposition (PCB-Kongeneren-Gemisch) konnten Borlak und Thum zeigen. Dieser Effekt dauerte bis 24 h nach Exposition an. Sie konnten außerdem eine vierfache Erhöhung der Cytochrom P450 (Cyp1a1)-Expression messen. Da Myh6 zwei putative Bindestellen (XRE-Elemente) für das AhR-ARNT-Dimer (aktivierter Komplex des AhR) aufweist, gingen Borlak und Thum davon aus, dass eine Aktivierung des Ah-Rezeptors durch Aroclor 1254 zur erhöhten Expression von Myh6 führte (Borlak und Thum, 2002a). Davon kann auch in der vorliegenden Arbeit ausgegangen werden. Die signifikante Reduktion des Myh6-Transkripts am Tag 20 in der mittleren Behandlungsgruppe [10 ng/ml PCB] ging einher mit der Reduktion der Cyp1a1-Expression, also einer Abnahme der AhR-Aktivität.

Der signifikante Anstieg des Myh6-Transkripts am Tag 10 [10 ng/ml PCB] und 15 [100 ng/ml PCB] zugunsten der PCB-exponierten Zellen deutet darauf hin, dass die Differenzierung unter PCB-Einfluss im Vergleich zur normalen Differenzierung schneller bzw. mit einer höheren Effizienz verlief. Dies ist eine Parallele zur DEHP-Exposition. Tonack und Kollegen stellten ebenfalls eine Verschiebung der Expression von Myh6 zugunsten TCDD-stimulierter Zellen fest, was wiederum eine Regulation der Myh6 über den AhR-Signalweg nahelegt. Allerdings konnten sie nach Auszählung der schlagenden Cluster keine Induktion oder Inhibition der Differenzierung in Kardiomyozyten feststellen (Tonack et al., 2007a). Da auch in der vorliegenden Arbeit rein mikroskopisch keinerlei Veränderungen festzustellen waren, wurden die Differenzierungsgeschwindigkeit und die Schlagfrequenz nicht weiter untersucht.

Gja1

Eine frühe Exposition der P19-ECC mit PCB führte zu signifikanten Erhöhungen der Expression von Gja1 am Tag 5 [10 ng/ml] und 7 [100 ng/ml]. In der niedrigsten Behandlungsgruppe [1 ng/ml PCB] kam es zu einer signifikanten Reduktion des Gja1-Transkripts am Kulturtag 20. Der Zusammenhang zwischen einer PCB-Exposition bzw. einer TCDD-Exposition und der Gja1-Expression wurde bisher nur wenig untersucht. Bager und Mitarbeiter veröffentlichten 1997 eine Arbeit, in welcher sie epitheliale Leberzellen der Ratte (IAR 20) mit TCDD und verschiedenen PCB, u.a. PCB 118, exponierten. Sie konnten zeigen, dass eine direkte Exposition der Zellen mit PCB 118 zu einer verringerten Zellkommunikation über das Connexin 43 führte. Dieser Effekt verschwand allerdings bereits 20 min nach Entfernung der Substanz wieder. Übereinstimmend mit ihrem Ergebnis bezüglich der Zellkommunikation über CX43 konnten sie auch eine Reduktion des Gja1-Transkripts messen. Aber auch dieser Effekt relativierte sich nach Entfernung der Substanz bereits nach einer Stunde.

Eine AhR-Abhängigkeit der Effekte konnten Bager und Kollegen nicht nachweisen, so dass der Mechanismus der TCDD- und PCB-Effekte ungeklärt blieb (Bager et al., 1997). Diese Arbeit ist jedoch nur wenig vergleichbar mit der vorliegenden Arbeit, da es sich nicht nur um eine andere Zelllinie und andere Expositionsfenster, sondern auch um eine bis zu 32 000-fach höhere Konzentration von PCB 118 eingesetzt worden war.

Simecková und Kollegen untersuchten den Einfluss einer Exposition mit PCB 153 (nicht co-planares PCB) auf CX43 in epithelialen Leberzellen der Ratte (WB-F344). Sie konnten zeigen, dass sich die Expression von Gja1 im Vergleich zur Kontrolle nicht veränderte, jedoch die Lokalisation von CX43 in der Zelle sowie die Konzentration von aktivem phosphoryliertem CX43-Protein. Die PCB 153-Exposition führte zu einem vermehrten Abbau von phosphoryliertem CX43 durch Proteasomen und Lysosomen (Simecková et al., 2009). Aber auch diese Arbeit ist nicht mit der vorliegenden vergleichbar, da hier eine andere Zelllinie und andere Expositionsfenster verwendet wurden und die Konzentration des verwendeten PCB um bis zu 26 000-fach höher lag. Beachtet man die Theorie der *U-shape* und *inverted U-shape* Dosis-Wirkungskorrelationen, wie unter 6.4.1 beschrieben und in Abbildung 38 gezeigt, so können Ergebnisse mit derart verschiedenen Konzentrations-Dimensionen nicht einfach verglichen oder gleichgesetzt werden.

Die Ergebnisse der Gja1-Expression unter PCB 101+118 Exposition, welche in dieser Arbeit eine signifikante Heraufregulation des Gja1-Transkripts am Tag 5 und 7 und eine Herunterregulation am letzten Kulturtag zeigten, können anhand der Literatur und der anderen Ergebnissen dieser Arbeit nicht in ein schlüssiges Bild gefügt werden.

Effekte nach einer direkten PCB-Exposition wurden bisher bis 24 h nach Exposition nachgewiesen (Borlak und Thum, 2002; Tonack et al., 2007). Im Differenzierungsprotokoll der vorliegenden Arbeit ist allerdings nicht auszuschließen, dass die PCB aufgrund ihrer hohen biologischen Persistenz und Lipophilie auch nach Expositionsende (trotz Waschen und Mediumwechsel) den Zellen vorlagen und später direkte Effekte hervorgerufen haben könnten. Für diese

These spräche die Beobachtung, dass die meisten Effekte durch PCB zwischen dem 5. (Ende der Exposition) und dem 10. Tag auftraten, nicht aber wie bei der DEHP-Exposition an den beiden letzten Kulturtagen. Dennoch sollte in der vorliegenden Arbeit abgeklärt werden, ob eine frühe PCB-Exposition auch einen Einfluss auf die Expression methylierungsspezifischer Marker ausübte und somit möglicherweise zu epigenetischen Veränderungen führte.

6.5.1 Expression methylierungsspezifischer Marker nach PCB-Exposition kardiomyogen differenzierender P19-ECC

Die Auswirkungen einer frühen PCB-Exposition *in utero* oder postnatal wurden bisher nur wenig untersucht. Desaulnier und Mitarbeiter exponierten gravide Ratten bzw. deren Nachkommen ab dem 1. Gestationstag bis zum 21. Tag nach der Geburt mit PCB (Desaulniers et al., 2009). Sie verwendeten sowohl eine niedrige als auch eine hohe Dosis PCB [0.011 oder 1.1 mg/kg/Tag] und untersuchten die Expression von Dnmt1, Dnmt3a und 3b in der Leber der Nachkommen. Jede der drei DNA-Methyltransferasen wurde nach der Exposition mit der höchsten Dosis PCB in ihrer Expression signifikant reduziert. Des Weiteren führte die PCB-Exposition zu einer reduzierten Menge des universellen Methylgruppen-Donors S-Adenosylmethionin sowie zu einer reduzierten CpG-Methylierung im Promotor des Tumor-Suppressor-Gens p16. Diese Effekte konnten in der vorliegenden Arbeit nicht gezeigt werden. Lediglich im Falle der Dnmt3a kam es in der höchsten Behandlungsgruppe [100 ng/ml] am Tag 15 zu einer signifikanten Reduktion der Expression (Abbildung 40). Die Dnmt1 hingegen wurde in der höchsten Behandlungsgruppe am Tag 7 und 15 signifikant heraufreguliert (Abbildung 40). Die beiden Arbeiten sind allerdings kaum vergleichbar, da es sich um einen *in vivo*- versus *in vitro*-Versuch handelt, bei denen die Expositionszeiten- und Fenster nicht vergleichbar und die eingesetzten Konzentrationen deutlich unterschiedlich waren.

In einer weiteren Studie untersuchten Schnekenburger und Kollegen den Effekt von Benz[a]pyren (B[a]P), der Model-Substanz für aromatische Kohlenwasserstoff-Biotransformation, auf die Expression des AhR-Zielgens Cyp1a1 (Schnekenburger et al., 2011). In früheren Arbeiten konnten sie zeigen, dass HDAC1 im Cyp1a1-Promotor bindet und somit dessen Expression inhibiert. Eine Exposition mit dem Übergangsmetall Chrom führte dazu, dass der AhR-ARNT-Komplex zwar an seinem Bindemotiv im Cyp1a1-Promotor binden konnte, HDAC1 aber weiterhin am Promotor verblieb und der Transkriptions-Co-Aktivator p300 nicht zum Chromatin rekrutiert werden konnte. Dadurch war keine AhR-induzierte Cyp1a1-Transkription feststellbar (Wei et al., 2004). Wei und Mitarbeiter fanden als Ursache, dass Chrom zu einem *cross-linking* der HDAC1 am Chromatin führte. Außerdem konnten sie durch ChIP-Analysen zeigen, dass HDAC1 im Cyp1a1-Promotor einen Komplex mit DNMT1 bildet und beides zusammen wiederum durch Chrom am Chromatin „verankert" wurde. In einer kombinierten Exposition von Benz[a]pyren und Chrom blockierte letzteres die B[a]P induzierten Chromatin-Veränderungen, welche für die Cyp1a1-Expression nötig sind. Dass HDAC1 und DNMT1 im Cyp1a1-Promotor einen Komplex bilden, war insofern interessant für die vorliegende Arbeit, als beide Gene in der höchsten Behandlungsgruppe [100 ng/ml] am Tag 7 und 15 signifikant heraufreguliert wurden (Abbildung 40). Jedoch zeigten sich in der Cyp1a1-Expression keine entsprechenden Effekte (Abbildung 39). Dies wiederum bedeutet nicht, dass nicht an anderer Stelle im Genom Repressionen der Expression durch vermehrte HDAC1/DNMT1-Komplexe ausgelöst wurden. Eine direkte biologische Relevanz dieser veränderten Transkriptmengen konnte in der vorliegenden Arbeit nicht nachgewiesen werden.

6.6 Die niedrigste kombinierte DEHP+PCB-Exposition [Mix1] übt den größten Einfluss auf die Expression molekularer Marker in kardiomyogen differenzierenden P19-ECC aus

Das traditionelle *Risk Assessment* beschäftigt sich bisher vor allem mit der Wirkung einer einzelnen Substanz hinsichtlich verschiedener Kriterien wie z.B. Kanzerogenität oder Reproduktionstoxizität. Mittlerweile berücksichtigen Bundes- und EU-Behörden aber auch die kumulativen Risiken komplexer Mischungen, so auch bei Umweltchemikalien. Es gibt jedoch vielerlei z.T. kontroverse Diskussionen und Hypothesen darüber, wie man Studien, welche diese kumulativen Effekte untersuchen, gestalten soll. In einem kürzlich erschienenen Review von Rider und Kollegen auf der Grundlage eines Reports der *National Academy of Sciences* (NAS) wurde diese Problematik ausführlich diskutiert (Rider et al., 2010). Unter anderem wurde untersucht, inwiefern sogenanntes *Mixture Modeling* die Wirkung von Substanz-Mischungen vorhersagen kann.

Auf diesen komplexen Sachverhalt kann in der vorliegenden Arbeit nicht detailliert eingegangen werden. Vielmehr interessiert die Einteilung bestimmter Mischungen in drei verschiedene Klassen (*Mixture Sections*).

Mixture Section A umfasst Chemikalien, welche über den gleichen toxischen Mechanismus wirken, z.B. DEHP und Dibutylphthalat (DBP) oder die Androgen-Rezeptor-Antagonisten Vinclozolin und Procymidone.

Die *Mixture Section* B umfasst Chemikalien, welche den gleichen Signalweg stören, dies aber über unterschiedliche Mechanismen tun, so z.B. ein Phthalat-Ester und ein Androgen-Rezeptor-Antagonist.

Die dritte Klasse *Mixture Section* C umfasst Chemikalien, welche Auswirkungen auf das gleiche Gewebe haben, aber über unterschiedliche Signalwege und Mechanismen, z.B. die Störung des Androgen- und des AhR-Signalweges im fetalen Reproduktionstrakt der Ratte durch Exposition mit DBP und TCDD.

Die in der vorliegenden Arbeit verwendete binäre Mischung aus DEHP und PCBs ist der Mixture *Section C* zuzuordnen, da beide Substanzen auf unterschiedliche Signalwege einwirken. Hierbei interessierte, ob sie synergistische (nur im Zusammenwirken), additive (Aufsummierung der Einzeleffekte) oder antagonistische (Reduktion der Einzeleffekte) Effekte auf den Metabolismus von kardiomyogen differenzierenden P19-ECC ausüben.

Zu diesem Zweck wurden die P19-Zellen mit drei DEHP+PCB-Mischungen exponiert, welche jeweils die niedrigen, die mittleren und die hohen Konzentrationen beider Substanzklassen enthielten. Die Analyse der regulatorischen, metabolischen und funktionellen

Markergene mittels qRT-PCR ergab vor allem in der niedrigsten Behandlungsgruppe (Mix 1: 5 µg/ml DEHP + 1 ng/ml PCB) signifikante Erhöhungen in der Expression der Markergene (Abbildung 40, 43, 44 und 45). Diese Erhöhungen traten bei Ppara und Slc2a4 am Tag 10 und bei Fabp4 und Myh6 jeweils am Tag 10 und 20 der Differenzierung auf. In der höchsten Behandlungsgruppe (Mix 3 100 µg/ml DEHP + 100 ng/ml PCB) kam es lediglich zu einer signifikanten Erhöhung der Expression von Fabp4 am Tag 10.

Sämtliche andere Effekte aus den Einzelexpositionen der mittleren und hohen Behandlungsgruppe waren in den entsprechenden gemischten Expositionen nicht mehr festzustellen. In
Tabelle 8 ist ein Vergleich der Expressionsdaten zwischen gemischter und Einzelexposition (niedrigste Dosierung) dargestellt.

Tabelle 8: Expression metabolischer und funktioneller Marker in den drei niedrigen Expositionsgruppen (DEHP, PCB, DEHP+PCB)

Marker	Behandlung														
	Mix 1 [1 ng/ml PCB + 5 µg /ml DEHP]					PCB [1 ng/ml]					DEHP [5 µg /ml]				
	Expression														
Kulturtag	5	7	10	15	20	5	7	10	15	20	5	7	10	15	20
Ppara			↑												
Pparg													↑		
Slc2a4	↑	↑						↑					↑		
Fabp4			↑	↑				↑							
Myh6			↑	↑				↑						↑	
Gja1															

↑ In allen 3 Gruppen erhöhte Expression
↑ Im Mix 1 und durch PCB erhöht exprimiert
↑ Nur durch DEHP erhöht exprimiert
↑ Nur im Mix 1 erhöht exprimi

Im Zusammenwirken von DEHP und PCB im niedrigsten Gemisch zeigte sich kein klarer Trend. Es traten sowohl additive Effekte (Myh 6; Tabelle 9), synergistische (Ppara, Slc2a4, Fabp4, Myh6; siehe Tabelle 8) und antagonistische Effekte (Fabp4; Tabelle 9) auf. Die erhöhte Transkriptmenge von Slc2a4 am Tag 10 schien wiederum ein reiner DEHP-Effekt zu sein (Tabelle 9). Diese Ergebnisse zeigen, dass es im Zusammenwirken von zwei unterschiedlichen Substanzen nicht rein additive, synergistische oder antagonistische Effekte gibt. Betrachtet man allerdings den Endpunkt Fett-und Glukosestoffwechsel, so führte der Mix 1 durch zusätzliche synergistische Effekte generell zu einer ausgeprägteren Aktivierung der Stoffwechselwege als dies in den Einzelexpositionen der Fall war.

Tabelle 9: Vergleich der Expressionsraten im Stadium 3 zwischen den drei Expositionsgruppen (DEHP, PCB, DEHP+PCB)

Marker-Gen	Relative Expressionsrate (Kulturtag 10)		
	Mix 1 [1 ng/ ml PCB + 5 µg/ml DEHP]	PCB [1 ng/ml]	DEHP [5 µg/ml]
Slc2a4	2.67	1.41	2.73
Fabp4	2.16	3.98	-
Myh6	3.04	1.42	2.04

Ganz anders als im Mix 1 stellten sich die Ergebnisse der kombinierten Expositionen im Mix 2 und Mix 3 dar. Hier kam es bis auf eine signifikante Erhöhung der Transkriptmenge von Fabp4 am Tag 10 im Mix 3 zu keinerlei weiteren Veränderungen. Dies war überraschend, da vor allem in den mittleren und hohen Behandlungsgruppen der Einzelexpositionen die meisten Effekte auftraten.

Eine lineare Dosis-Wirkungs-Korrelation konnte in der verwendeten binären Stoffkombination nicht gezeigt werden. Vielmehr war die niedrigste Behandlungsgruppe (Mix 1) unerwartet die effektivste Dosis. Die postulierte Aktivierung des AhR-Signalweges durch die PCB konnte im Mix 3 im Vergleich zur höchsten PCB-Behandlungsgruppe ebenfalls nicht mehr nachgewiesen werden, sodass entsprechende *Downstream*-Effekte aufgehoben wurden (Abbildung 44). Welcher Mechanismus hinter diesen vermutlich antagonistischen Effekten von DEHP und PCB in den höheren Konzentration lag, konnte nicht geklärt werden. Kompensatorische epigenetische Veränderungen können nicht ausgeschlossen werden.

6.6.1 DEHP+PCB-Exposition führt zu kompensatorischen Effekten in der Expression methylierungsspezifischer Markergene in kardiomyogen differenzierenden P19-ECC

Bei der gemischten Exposition der differenzierenden P19-ECC wurde in den beiden höheren Behandlungsgruppen der drei Expositionsgruppen eine antagonistische Wirkung von DEHP und PCB im Mix beobachtet. In Tabelle 1 ist ein Vergleich der Expressionsrate methylierungspezifischer Marker dargestellt.

Die Dnmt1 wurde sowohl durch DEHP als auch durch PCB heraufreguliert, wohingegen sie im Mix 2 herunterreguliert wurde. Eine Heraufregulation der Hdac1-Expression durch PCB [10 ng/ml und 100 ng/ml] war im Mix 2 und 3 nicht mehr zu verzeichnen. Während es in der höchsten DEHP-Behandlungsgruppe [100 µg/ml

DEHP] zu einer signifikanten Heraufregulation der Dnmt3a-Expression kam, wurde diese in der höchsten PCB-Behandlungsgruppe signifikant herunterreguliert. Im Mix 3 hoben sich diese Effekte auf die Dnmt3a-Transkriptmenge auf (Tabelle 10). Diese Ergebnisse lassen vermuten, dass es eventuell antagonistische Effekte der beiden Substanzen auf epigenetischer Ebene gab, welche zu einer Auslöschung der Einzeleffekte im Mix 2 und 3 führten. Ob diese Effekte auftraten und um welche epigentischen Veränderungen es sich handelte, bleibt weiteren Untersuchungen vorbehalten.

Tabelle 10: Vergleich der Expressionsdaten methylierungsspezifischer Marker in den höheren Behandlungsgruppen der drei Expositionsgruppen (DEHP, PCB, DEHP+PCB)

Marker	Behandlung														
	Mix 2 [10 ng/ml PCB + 50 µg/ml DEHP]					PCB [10 ng/ml]					DEHP [50 µg/ml]				
	Expression														
Kulturtag	1	2	3	4	5	1	2	3	4	5	1	2	3	4	5
Dnmt1				↓			↑		↑					↑	
Dnmt3a															
Hdac1							↑								

Marker	Mix 3 [100 ng/ml PCB + 100 µg/ml DEHP]					PCB [100 ng/ml]					DEHP [100 µg/ml]				
	Expression														
Kulturtag	1	2	3	4	5	1	2	3	4	5	1	2	3	4	5
Dnmt1															
Dnmt3a									↓				↑		↑
Hdac1							↑		↑						

↑ Erhöhte Expression ↑ Erniedrigte Expression

Während in den beiden höchsten Mischungen keine Expressionserhöhungen von Dnmt3a zu verzeichnen waren, zeigte sich wiederum im Mix 1 eine signifikante Erhöhung der Expression am Tag 10. Diese trat in den Einzelexpositionen allerdings nur in der höchsten [100 µg/ml DEHP], nicht aber in der niedrigsten DEHP-Behandlungsgruppe [1 ng/ml DEHP] auf. Eventuell kam es in diesem Fall zu einem synergistischen Effekt durch gemischte Exposition.

Zusammenfassend ist festzustellen, dass epigenetische Mechanismen bei der Wirkung von DEHP/PCB-Gemischen vermutlich eine Rolle spielen. Diese Hypothese muss allerdings in weiteren Arbeiten experimentell untermauert werden. Wichtig unter umweltgesundheitlichen Aspekten ist allerdings der Befund, dass im niedrigsten Gemisch die stärksten Effekte nachzuweisen waren. Dieser Aspekt ist gleichermaßen besorgniserregend wie mechanistisch unerwartet und bedarf dringlichst weiteren experimenteller Aufklärung.

6.7 DEHP und/oder PCB-Exposition in der undifferenzierten Phase führt zu veränderten Proteinmengen metabolischer und ROS-detoxifizierender Proteine in C3H10T1/2-Zellen

Das Fettgewebe spielt eine entscheidende Rolle in der Speicherung und Mobilisierung von metabolischer Energie und reguliert gleichzeitig die Energie-Homöostase des Körpers über die Sekretion fettspezifischer Hormone (Grün und Blumberg, 2009; Grün, 2010; Kershaw und Flier, 2004). Umweltchemikalien wird zugeschrieben, dass sie die Adipozyten-Differenzierung und die Gewichts-Homöostase (Heindel, 2003; Baillie-Hamilton, 2002), z.B. über die Aktivierung von nukleären Rezeptoren wie den PPARs, beeinflussen (Grün und Blumberg, 2007). Eine Vielzahl an Chemikalien wurde diesbezüglich bereits untersucht und DEHP, TBT, PCB und BPA wurden als potentielle Obesogene identifiziert (Langer et al., 2007; Vasiliu et al., 2006; Smink et al., 2008; Miyawaki et al., 2007; Vom Saal et al., 2012; Biemann et al., 2012; Schmidt et al., 2012). Vor allem eine fetale EDC-Exposition steht im Verdacht, das Risiko für Adipositas im Erwachsenenalter zu erhöhen, indem das adipogene Entwicklungsprogramm an metabolischen Stellschrauben verändert wird (Frontera et al., 2008; Vom Saal et al., 2012; Levin, 2006).

Um ein frühes Fenster der Adipogenese untersuchen zu können, wurden in der vorliegenden Arbeit C3H10T1/2-Zellen verwendet. Diese wurden für 48 h in der post-konfluenten Phase mit DEHP [100 µg/ml], PCB [100 ng/ml] und dem Mix [DEHP: 100 µg/ml +PCB: 100 ng/ml] exponiert, anschließend mit einem Induktions-Cocktail adipogen induziert und im Weiteren in Insulin-haltigem Medium zu Adipozyten differenziert. Am Ende der Differenzierung (d9) wurden Proteinproben für eine Proteomanalyse mittels 2D-Gelelektrophorese gewonnen. Insgesamt wurden 23 signifikant regulierte Proteine identifiziert (Tabelle 6).

Diese Anzahl war unerwartet niedrig, wenn man bedenkt, dass es sich um eine Analyse des gesamten Proteoms handelt. Vermutlich war dies zum einen der Färbemethode geschuldet, welche mit Coomassie nicht die sensitivste war, und zum anderen den strengen Kriterien zum Aus- bzw. Einschluss von Spots (4.10). Sensitivere Methoden wären z.B. die Silberfärbung oder Fluoreszenz-Färbungen. Der Nachteil von Silberfärbungen ist, dass die Fixierungs-Reagenzien (Formaldehyd, Tween-20, Glutaraldehyd) die anschließende massenspektrometrische Analyse der Peptide stören (Chevallet et al., 2006). Fluoreszenz-Farbstoffe wie SYPRO Ruby sind ähnlich sensitiv wie Silberfärbungen, ohne die anschließende MS-Analyse der Peptide zu behindern (Berggren et al., 2000). Allerdings sind diese vergleichsweise teuer, sodass in der vorliegenden Arbeit aus wirtschaftlichen Gründen Coomassie verwendet wurde. In allen drei Expositionsgruppen wurden signifikant veränderte Proteinmengen und -muster gefunden, wobei die wirksamste Behandlung der Mix, mit 21 veränderten Proteinen war. Dies bedeutet, dass das gewählte Expositionsfenster sensitiv auf Umwelteinflüsse reagiert.

Kombinatorische Effekte

Des Weiteren wurde untersucht, ob es synergistische, additive oder antagonistische Effekte der Substanzen gab. Insgesamt 11 Proteine wurden ausschließlich im Mix, nicht aber in den Einzelexpositionen in ihrer Menge verändert. Das heißt, dass diese Veränderungen in der Menge individueller Proteine erst durch die Kombination von DEHP und PCB zum Tragen kamen. Beide Substanzen können demnach synergistisch wirken. Es zeigte sich außerdem, dass alle DEHP-Effekte auch im Mix auftraten.

Die Behandlung mit PCB führte hingegen zu veränderten Mengen bei zwei Proteinen (IDI1 und SEPT2), welche im Mix nicht verändert waren. Eines der Proteine (IDI1) war allerdings auch durch eine Behandlung mit DEHP verändert, wobei beide Behandlungen zu einem ähnlichen *fold-change* führten. Dieses Beispiel lässt einen antagonistischen Effekt vermuten.

Bei den Proteinen G6pdx und Aldh2 kam es zur veränderten Proteinmengen in allen drei Expositionsgruppengruppen, wobei im Fall von G6PDx der *fold-change* im Mix die Summe der Einzeleffekte ergab. Bei ALDH2 war dieser Effekt ähnlich, weshalb hier von einem additiven Effekt ausgegangen werden kann.

Betrachtet man die Veränderungen in den Proteinmengen und -mustern zwischen DEHP und dem Mix, so sind die Erhöhungen unter DEHP in zwei Fällen (ACADM und IVD) genauso hoch wie im Mix. Bei drei weiteren Proteinen (GLUD1, LONP1und ETFA) war die Proteinmenge im Mix im Vergleich zu DEHP jeweils stärker erhöht oder erniedrigt, obwohl kein Effekt in der Einzelexposition mit PCB zu beobachten war. Dies lässt auf synergistische und antagonistische Effekte schließen. Diese Beobachtungen bedeuten im umweltmedizinischen Kontext, dass ein und dasselbe Gemisch zweier Umweltchemikalien auf die Proteinbildung unterschiedliche regulatorische Effekte haben kann. Hier wird eine verwirrende Vielfalt von umweltmedizinischen Auswirkungen von EDCs deutlich. Bedenkt man, dass in der vorliegenden Arbeit lediglich zwei EDCs untersucht wurden, die sogenannten *„real world exposures"* aber aus mehreren Dutzend endokrin aktiver Nahrungsmittelkontaminanten besteht, dann wird sowohl die gesundheitliche Relevanz deutlich als auch die analytischen Herausforderungen und deren regulatorische Konsequenzen.

Validierung mittels qRT-PCR

Die Validierung der Proteom-Analyse auf mRNA-Ebene mittels qRT-PCR zeigte, dass die Proteinmenge nicht nur auf der Transkriptionsebene beeinflusst wurde, sondern auch translationell oder post-translationell. Bei den ausgewählten Markern waren nur Pgam1 und Fh1 transkriptionell verändert (Abbildung 48). Bei Acadm, Glud1 und Pgm2 muss die Regulation an anderer Stelle stattgefunden haben.

Dass Transkriptmenge und Proteinmenge oft nicht korrelieren ist ein bekanntes Phänomen, welches Greenbaum und Kollegen in einem *Review* eingehend analysierten (Greenbaum et al., 2003). Laut diesem *Review* kann es neben methodischen Ungenauigkeiten unter anderem zu einem veränderten *Turnover*, in diesem Fall vermindertem Abbau der Proteine, kommen. Dies würde sich nur auf der Proteinebene, nicht aber auf der mRNA-Ebene, bemerkbar machen. Ungeachtet dieser Diskrepanz ist man sich aber einig, dass Informationen über die Proteinmenge validere Aussagen zulassen als Informationen aus Analysen von Transkriptmengen, da Proteine die direkte „ausführende Gewalt" in Lebensprozessen sind (Guo et al., 2008).

ACADM und FABP5

Die Suche nach gemeinsamen Signalwegen der identifizierten Proteine mittels *Pathway-Express* ergab lediglich einen für die vorliegende Arbeit interessanten funktionellen Zusammenhang im Mix. Dieser war der PPAR-Signalweg, in welchem sowohl FABP5 als auch ACADM durch DEHP+PCB-Exposition signifikant erhöht wurden.

FABP5 wird auch als *Epidermal fatty acid-binding protein (E-FABP)* bezeichnet, da es zuerst aus der Haut isoliert wurde (Siegenthaler et al., 1994). Berry und Kollegen zeigten, dass FABP5 eine wichtige Komponente im Differenzierungsprogramm von Adipozyten darstellt. Sie inhibierten die Fabp5-Expression und konnten zeigen, dass die Adipozyten-Differenzierung in diesem Fall nicht vollständig von statten ging (Berry und Noy, 2009). FABP5 bindet, neben Fettsäuren, unter anderem Retinsäure, transportiert diese in den Kern und aktiviert dort PPARβ (Wolf, 2010). Die *Medium Chain Acyl-CoA* Dehydrogenase (ACADM oder MCAD) katalysiert die β-Oxidation von Fettzellen in den Mitochondrien, wodurch NADH entsteht, welches direkt auf den Komplex 1 der Atmungskette übertragen wird (Gregersen et al., 2001). Eine gleichzeitige Erhöhung der beiden Proteine ist insofern logisch, als eine erhöhte Aufnahme von Fettsäuren durch FABP5 zu einem erhöhten Bedarf an Enzymen der β-Oxidation, in diesem Fall ACADM, führt. Eine erhöhte Aufnahme von Fettsäuren in Fettzellen kann zu einer erhöhten Fettakkumulation in den Zellen führen und somit zu einer Hypertrophie der Adipozyten beitragen. Andererseits könnte die erhöhte Menge an ACADM die erhöhte Fettsäure-Zufuhr durch Abbau der Fettsäuren kompensieren.

Eine Analyse der Adipozyten-Anzahl mittels FACS zeigte keine Unterschiede zwischen den Behandlungen und der Kontrolle (Abbildung 49). Dies bedeutet, dass es nicht zu einer Erhöhung der Adipozyten-Anzahl nach Behandlung mit DEHP, PCB oder DEHP+PCB im untersuchten Expositionsfenster kam. Es ist jedoch nicht auszuschließen, dass es zu einer Hypertrophie der Adipozyten kam, was im Rahmen dieser Arbeit nicht untersucht wurde.

ROS-detoxifizierende Proteine

Neben metabolischen Proteinen wurden auch eine Anzahl an Stress- und Xenobiotischen Proteinen in ihrer Menge verändert. Bei den Stress-Proteinen handelte es sich vorrangig um Proteine, die bei durch ROS verursachtem Stress eine Rolle spielen. Zu diesen Proteinen zählten die Lon-Protease (LONP1), Glukose-6-Phosphat-

Dehydrogenase (G6PDX), Glutathion-S-Transferase A4 (GSTA4), Protein DJ-1 (DJ-1 oder PARK7), Superoxid-Dismutase 2 (SOD2 oder MnSOD) und die Thioredoxin-abhängige Peroxid-Reduktase (PRDX3) (Tabelle 6). Eine erhöhte Konzentration von reaktiven Sauerstoffspezies (ROS) ist nachweislich mitverantwortlich für eine Insulin-Resistenz in Adipozyten (Houstis et al. 2006) und über eine Veränderung der Adipokin-Sekretion auch für das Auftreten von Insulin-Resistenz in peripherem Gewebe (Furukawa et al., 2004; Lin et al., 2005; Soares et al., 2005). Eines der häufigsten Radikale in der Atmosphäre ist das Hydroxyl-Radikal, welches besonders schädlich für die Zelle ist. Es führt zur Peroxidation von mehrfach ungesättigten Acyl-Ketten der Phosphoglyceride (Bestandteile der Zellmembran). Dies führt zur Bildung von peroxidierten Lipid-Produkten (z.B. reaktive α,β-ungesättigte -Aldehyde), welche als *second messenger* des oxidativen Stresses bezeichnet werden (Zarković et al., 1999). Dass sowohl eine DEHP- als auch eine PCB-Exposition zur Bildung von ROS führt, konnte auch von anderen Autoren gezeigt werden (Wang et al., 2012; Zhao et al., 2012; Erkekoglu et al., 2012; Ferguson et al., 2012; Zhao et al., 2012; Selvakumar et al., 2012; Lee et al., 2012). In der vorliegenden Arbeit kam es jedoch vor allem durch das Zusammenwirken beider Substanzen zur Aktivierung der Stressantwort auf reaktive Sauerstoffspezies.

Die Lon-Protease ist eine mitochondriale Protease, welche falsch gefaltete und zerstörte Proteine in der Mitochondrien-Matrix abbaut. Bota und Kollegen konnten zeigen, dass die Proteinmenge der LONP1 unter oxidativem Stress herunterreguliert wird und gleichzeitig carbonylierte Proteine (z.B. Aconitase) in der Matrix der

Mitochondrien akkumulieren (Bota et al. 2002). Eine signifikante Herunterregulation der LONP1 durch eine Exposition mit DEHP und dem Mix konnte in der vorliegenden Arbeit gezeigt werden. Gleichzeitig zeigte sich eine Erhöhung der mitochondrialen ACADM, welche nicht auf transkriptioneller Regulation beruhte, sondern evtl. auf einer verringerten LONP1-Proteinmenge.

Glukose-6-Phosphat-Dehydrogenase ist das Schlüssel-Enzym im Pentose-Phosphatweg, welches Glukose-6-Phosphat über verschiedene Zwischenschritte zu Ribose-5-Phosphat für die Nukleotid-Biosynthese oxidiert. Dies geschieht unter Gewinnung von NADPH. Unter oxidativem Stress transloziert G6PDX vom Zytoplasma in die Zellmembran. Diese Translokation führt zu einer erhöhten Glukoseaufnahme, welche der G6PDX wiederum als Substrat im Pentose-Phosphatweg dient (Jain et al., 2003). Durch diese Reaktion der G6PDX auf oxidativen Stress wird mehr NADPH gebildet, welches oxidiertes Glutathion-Disulfid (GSSG) durch Glutathion-Reduktase wieder zum aktiven Glutathion (GSH) reduziert. GSH wandelt in der Zelle entstandenes H_2O_2 durch Glutathion-Peroxidase in H_2O um. Würde dies nicht geschehen, käme es erneut zur Entstehung von ROS.

Die Proteom-Analyse der exponierten C3H10T1/2-Adipozyten zeigte für alle Expositionsgruppen eine signifikante Erhöhung der G6PDX, wobei die gemischte Exposition zu einem additiven Effekt führte. Die Proteinmenge von GSTA4, PARK7, SOD2 und PRDX3 wurde nicht in den Einzelexpositionen, aber in der kombinierten DEHP+PCB-Exposition signifikant erhöht.

Die Glutathion-S-Transferase A4 katalysiert die Glutathionylierung von reaktiven α,β-ungesättigten –Aldehyden, damit diese als

Konjugationsprodukt aus der Zelle transportiert werden können (He et al., 1996). PARK7 wird eine Rolle in der Koordination zellulärer Antworten auf oxidativen Stress zugesprochen (Cookson, 2010). Seine Lokalisation wird sowohl im Zytoplasma, dem Zellkern als auch in den Mitochondrien beschrieben, wobei die Hauptlokalisation im Zytoplasma liegt (Junn et al., 2009). Die Superoxid-Dismutase 2 ist in Mitochondrien und Peroxisomen lokalisiert und katalysiert die Umwandlung von Superoxid-Anionen (Nebenprodukte der Elektronen-Transportkette) zu Wasserstoffperoxid (Zelko et al., 2002). Peroxiredoxin III (PRDX3) gehört zur Familie der Peroxiredoxine, welche hoch konservierte Thioredoxin-abhängige Reduktasen darstellen. PRDX ist in den Mitochondrien lokalisiert und nutzt dort Thioredoxin II als Elektronen-Donor, um die physiologische H_2O_2-Konzentration in den Zellen zu regulieren (Araki et al., 1999; Watabe et al., 1997).

Zusammenfassend konnte mit Hilfe der Proteom-Analyse gezeigt werden, dass eine Exposition mit DEHP, PCB und DEHP+PCB bei C3H10T1/2-Zellen im undifferenzierten Stadium zu einer differentiellen Regulation der Proteinmenge und -muster in differenzierten Adipozyten führt. Hierbei waren vor allem Proteine betroffen, welche bei der Abwendung von Schäden durch oxidativen Stress und im Fett-und Glukosestoffwechsel eine Rolle spielen. Ein wichtiger Befund war die Tatsache, dass viele dieser Effekte erst in der kombinierten Exposition beider EDC auftraten. Bei der Risikobewertung von Chemikalien wurde und wird in erster Linie die Einzelsubstanz betrachtet. Effekte, welche erst nach einer Exposition mit einem Chemikaliengemisch zum Tragen kommen, fallen dabei durch das Raster. Dies unterstreicht, dass die Analyse von Gemischen ein wichtiger Gegenstand zukünftiger Risikobewertungen sein muss. Allen Beteiligten ist klar, dass dies eine äußerst komplexe Aufgabe darstellt. Ein Schritt bei der Lösung dieser Aufgabe ist es, die Komplexität durch mathematische Modelle zu erfassen (Rider et al., 2010). Relativierend muss jedoch darauf hingewiesen werden, dass die Komplexität zusätzlich durch die Tatsache erhöht wird, dass eine Kombination aus nur zwei Substanzen, wie in der vorliegenden Arbeit gezeigt, bereits sowohl additive, synergistische und auch antagonistische Effekte hervorrufen kann. Es bleiben weitere Modellierungen abzuwarten um zu klären, ob diese Komplexität mithilfe von mathematischen Modellen, wie von Jonker und Kollegen, zu lösen ist (Jonker et al., 2009).

6.8 DEHP- und/oder PCB-Exposition und die DOHaD-Hypothese

Können Umweltchemikalien während eines bestimmten Expositionsfensters in der embryonalen Phase Mechanismen auslösen, welche eine dauerhafte Fehlprogrammierung im Verlaufe der weiteren Ontogenese auslösen? Die vorliegende Arbeit kann diese Frage, vor allem in Bezug auf die kardiomyogene Differenzierung nach DEHP-Exposition, mit „Ja" beantworten. Es konnte gezeigt werden, dass die kardiomyogene Differenzierung beschleunigt wurde und die Schlagfrequenz der Kardiomyozyten im Vergleich zur Kontrolle signifikant und dauerhaft erhöht war. Veränderungen in der Expression der untersuchten Marker traten vor allem am Ende der Differenzierung, 10-15 Tage nach der eigentlichen DEHP-Exposition, auf. Mithilfe der Pyrosequenzierung konnte gezeigt werden, dass es signifikante CpG-Methylierungsunterschiede zwischen den DEHP-Behandlungen und den korrespondierenden Kontrollen gab. Diese waren zum Teil inhomogen und deckten sich nicht in jedem Fall mit den Ergebnissen der Transkriptmengen-Bestimmung. Dennoch sind die Indizien deutlich und weitere Untersuchungen in dieser Richtung indiziert.

Die frühe PCB-Exposition der P19-ECC führte nicht zu einem so deutlichen Ergebnis wie die Exposition mit DEHP, weshalb die Beantwortung der einleitenden Frage diesbezüglich offen bleibt. Betrachtet man allerdings die Ergebnisse der Proteom-Analyse, so lässt sich auch hier feststellen, dass eine frühe Exposition der C3H10T1/2-Zellen mit DEHP und/oder PCB zu signifikanten Veränderungen der Menge von 23 Proteinen in der differenzierten Fettzelle führte.

Insgesamt kann resümiert werden, dass vor allem eine DEHP- aber auch eine PCB-Exposition und deren Kombination potentiell zu Fehlprogrammierungen während der embryonalen Entwicklung führen. Somit wäre, durch diese beiden EDC, insbesondere aber durch DEHP, eine Weichenstellung für spätere Erkrankungen im Sinne der DOHaD-Hypothese möglich.

6.9 Real-world exposures, Substanz-Gemische und nicht-monotone Dosis-Wirkungs-Kurven

Niedrige Dosierungen haben wenig Effekte, hohe Dosierungen große Effekte – beides steigt proportional zueinander an und nur die Dosis macht das Gift. Dieses Paradigma herrscht bis heute in der Risikobewertung von Stoffen vor. So werden NOAEL (*no observed adverse effect level*) und LOAEL (*low observed adverse effect level*) durch Einsatz von relativ hohen Dosen der untersuchten Substanzen in monotonen Dosis-Wirkungs-Kurven ermittelt. Anschließend werden durch die Multiplikation mit (Un-) Sicherheitsfaktoren Risiken für Mensch und Umwelt bestimmt. Dass monotone Dosis-Wirkungsbeziehungen die bestmögliche Beschreibung der Wirkung von Pharmazeutika und Chemikalien ist, wurde bereits vor über 100 Jahren in Frage gestellt (Hüppe-Regel von 1898, Arndt-Schulz-Gesetz von 1912, Hormese von Chester M. Southam von 1943). Vor allem in den letzten 15 Jahren wurde die tradierte Risikobewertung von Chemikalien von zahlreichen Wissenschaftlern kritisiert. Sie konnten anhand von Experimentalergebnissen zu *low-dose* Effekten die Relevanz der bisherigen Risikobewertung begründet anzweifeln (Andrade et al., 2006; Cavieres et al., 2002; vom Saal et al., 1995; Welshons et al., 2003; Wetherill et al., 2002).

In der vorliegenden Arbeit hatten in den Einzelexpositionen sowohl niedrige (*real-world exposures*) als auch hohe Dosierungen von DEHP und PCB einen Einfluss auf die Transkriptmenge der untersuchten Marker. Es kann nicht deutlich genug darauf hingewiesen werden, dass die Dosis-Wirkungsbeziehungen oft entgegengesetzter Natur waren und z.B. *U-shape*- bzw. *inverted U-shape*-Verläufe zeigten (Abbildung 24 und Abbildung 38). Bei den binären Substanzgemischen zeigte sich, dass fast ausschließlich die niedrigste Dosierung (Mix1) einen Einfluss auf die Transkriptmenge der untersuchten Marker ausübte, also die Behandlungsgruppe, welche der *real-world exposure* Gruppe entspricht. Die höheren Dosierungen führten hingegen bei den untersuchten Markern nur in einem Fall zu Veränderungen in der mRNA-Menge.

Die bisher weitgehend ungeklärte Frage der Bewertung von Substanzgemischen speziell durch die biphasischen Dosis-Wirkungsbeziehungen endokriner Disruptoren wird durch diese Ergebnisse auf eine weitere Experimentalbasis gestellt und gewinnt durch weitere Untersuchungen zunehmend an Bedeutung. Ein Umdenken bei der Risikobewertung von Pharmazeutika und Chemikalien ist demnach dringend notwendig – insbesondere bei endokrin aktiven Umweltkontaminanten. Die Gesundheitsgefährdung, die durch sie verursacht wird, bedarf dringlich weiterer Aufklärung und, in deren Folge, neuer Risikobewertungen.

7. Zusammenfassung

Stellt eine frühe embryonale Exposition mit Umweltchemikalien, von denen eine Vielzahl in unserer Nahrungskette und Umwelt vorkommen, bereits Weichen für (Stoffwechsel-) Erkrankungen im Erwachsenenalter (DOHaD-Hypothese)? Diese Frage wurde am Beispiel von Di(2-ethylhexyl)-phthalat (DEHP) und den beiden Kongeneren der polychlorierten Biphenyle (PCB) 101 und 118 untersucht. Umweltrelevante und höhere Dosierungen, wurden bezüglich Einzel-und Kombinationseffekten analysiert. Zwei murine Stammzellmodelle wurden genutzt, in denen die Effekte einer ontogenetisch frühen Exposition auf die weitere Entwicklung, quasi im Zeitraffer, untersucht werden konnte. Endpunkte waren dabei die Kardiomyogenese und die Adipogenese, die anhand von funktionellen Parametern, Differenzierungsmerkmalen und Markern des Glukose- und Fettstoffwechsels untersucht wurden.

Eine frühe DEHP-Exposition von P19 embryonalen Karzinomzellen (ECC):
- beeinflusst den PPAR-Signalweg über die veränderte Transkriptmenge von Ppara und Pparg sowie ihrer *Downstream*-Gene Fabp4 und Slc2a4 in allen drei Konzentrationsgruppen [5, 50, 100 µg/ml DEHP].
- erhöht die Schlagfrequenz der differenzierten Kardiomyozyten in den beiden höchsten Konzentrationsgruppen [50 und 100 µg/ml DEHP].

- erhöht die Differenzierungsgeschwindigkeit in den beiden höchsten Konzentrationsgruppen [50 und 100 µg/ml DEHP].
- führt zu Veränderungen der Transkriptmenge der DNA-Methyltransferasen [50 und 100 µg/ml DEHP].
- führt zu einer differentiellen Methylierung spezifischer CpGs in den Promotor-Regionen von Ppara [50 und 100 µg/ml DEHP] und Pparg [5, 50, 100 µg/ml DEHP].
- führt zu nicht-monotonen Dosis-Wirkungs-Beziehungen.

Zusammenfassend ist festzustellen, dass eine DEHP-Exposition der P19-ECC im undifferenzierten Stadium zu einer DEHP-induzierten fetalen (Fehl-) Programmierung führt, welche Metabolismus und Funktion der kardiomyogen differenzierten P19-ECC am Kulturende veränderte.

Eine frühe PCB-Exposition von P19-ECC:
- beeinflusst nur an einem der untersuchten Kulturtage die Transkriptmenge von Ppara [10 ng/ml PCB], während die Pparg-Expression unverändert bleibt.
- beeinflusst die Transkriptmenge der PPAR-*Downstream*-Gene Slc2a4 [1, 10, 100 ng/ml PCB] und Fabp4 [1 ng/ml PCB].
- führt zu einer signifikanten Erhöhung der Cyp1a1-Expression und deutet damit auf eine mögliche Beeinflussung des AhR-Signalweges hin [100 ng/ml PCB].
- beeinflusst die Transkriptmenge der methylierungsspezifischen Markergene Dnmt1, Dnmt3a und Hdac1 [10 und 100 ng/ml].

Zusammenfassend ist festzustellen, dass eine PCB-Exposition der P19-ECC im undifferenzierten Stadium zu Veränderungen der Expression von molekularen Markern in den frühen Stadien der Differenzierung führt. Nicht auszuschließen ist, dass diese Veränderungen auch aufgrund der Persistenz der PCB und damit durch eine weiter vorhandene direkte Exposition während der Kultur zustande kamen. Eine längerfristige fetale Programmierung konnte nicht gezeigt werden.

Eine frühe PCB+DEHP-Exposition von P19-ECC:
- zeigt die größten Effekte auf die Expression der untersuchten molekularen Marker im Mix 1 [5 µg/ml DEHP + 1 ng/ml PCB].
- hat im Mix 2 [50 µg/ml DEHP + 10 ng/ml PCB] und 3 [100 µg/ml DEHP + 100 ng/ml PCB] im Vergleich zu den Einzelexpositionen kaum Auswirkungen auf die Transkriptmenge der untersuchten Markergene.
- führt höchstwahrscheinlich zu kompensatorischen Effekten in der Expression methylierungsspezifischer Markergene (Mix 2 und 3).
- führt im Mix 2 und 3 höchstwahrscheinlich zu antagonistischen Effekten von DEHP und PCB im Kombinationsgemisch.

Zusammenfassend ist festzustellen, dass eine kombinierte DEHP+PCB-Exposition der P19-ECC im undifferenzierten Stadium fast ausschließlich in der niedrigsten Konzentrationsgruppe (Mix 1) zu Veränderungen der Expression von molekularen Markern bis in die letzten Stadien der Differenzierung führt. Dies legt nahe, dass es zu einer DEHP+PCB induzierten fetalen Programmierung kommen kann.

Eine frühe DEHP und/oder PCB-Exposition von C3H10T1/2-Zellen (Adipogenese-Modell):

- führt zur differentiellen Expression von metabolischen und ROS-detoxifizierenden Proteinen in C3H10T1/2-Zellen.
- führt in der kombinierten Exposition mit DEHP+PCB zur größten Anzahl veränderter Proteine.
- führt zu synergistischen, additiven und antagonistischen Effekten im Substanzgemisch.

Zusammenfassend konnte gezeigt werden, dass eine DEHP- und/oder PCB-Exposition der C3H10T1/2-Zellen im undifferenzierten Stadium zur Veränderungen in der Menge von Proteinen adipogen differenzierter C3H10T1/2-Zellen führt. Daher kann davon ausgegangen werden, dass beide Substanzen einzeln oder in Kombination, in der Lage sind, im Rahmen der fetalen Programmierung Fehlregulationen in der Adipogenese auszulösen.

8. Abbildungsverzeichnis

Abbildungen

Abbildung 1: DEHP-Metabolismus im Menschen (modifiziert nach Albro 1982) 8

Abbildung 2: Grundstruktur der PCB - Derivate des Biphenyls mit Bindung von Chlor an einer oder mehreren Positionen (2 – 6 bzw. 2' – 6'). 9

Abbildung 3: Schema zur Gewinnung von embryonalen Stammzellen 15

Abbildung 4: Schematische Darstellung der Differenzierung eines *Embryoid Bodies* in verschiedene Zelltypen 18

Abbildung 5: Schematische Darstellung der Einsatzmöglichkeiten von embryonalen Stammzellen als Testsysteme z.B. für EDC oder Pharmaka 23

Abbildung 6: Schema der 1. Arbeitshypothese zum Wirkmechanismus von DEHP und PCB 26

Abbildung 7: Schema der 2. Arbeitshypothese zum Wirkmechanismus von PCB 32

Abbildung 8: Schema der 3. Arbeitshypothese zum Wirkmechanismus von PCB 33

Abbildung 9: Schema der P19-ECC Kultivierung und Differenzierung zu Kardiomyzyten.50

Abbildung 10: Schema der C3H10T1/2 Kultivierung 51

Abbildung 11: Schematischer Ablauf des LUMA Assays (Karimi et al., 2006) 73

Abbildung 12: Schematische Darstellung der Bisulfit-Behandlung genomischer DNA (England und Pettersson 2005). 75

Abbildung 13: Untersuchte CpG Insel des Gens Ppara - Gelb hervorgehoben – Primer für PCR; Grün hervorgehoben 77

Abbildung 14: Untersuchte CpG Insel des Gens Pparg1 - Gelb hervorgehoben 78

Abbildung 15: Untersuchte CpG Insel des Gens Slc2a4 - Gelb hervorgehoben. 79

Abbildung 16: Bestimmung der absoluten Transkriptmenge der kardialen Markergene im Verlauf der Differenzierung. 83

Abbildung 17: Bestimmung der absoluten Transkriptmenge der PPARs im Verlauf der Differenzierung. 85

Abbildung 18: Bestimmung der absoluten Transkriptmenge der PPAR *Downstream*-Gene Fabp4 und Slc2a4 im Verlauf der Differenzierung 86

Abbildung 19: Bestimmung der absoluten Transkriptmenge methylierungsspezifischer Markergene im Verlauf der Differenzierung 89

Abbildung 20: Schema der Kultivierung und Probennahme im P19-ECC Stammzellmodell 90

Abbildung 21: Bestimmung der relativen Transkriptmenge der kardialen Markergene nach DEHP-Exposition 91

Abbildung 22: Bestimmung der relativen Transkriptmenge der PPARs nach DEHP-Exposition 93

Abbildung 23: Bestimmung der relativen Transkriptmenge der PPAR *Downstream*-Gene nach DEHP-Exposition 95

Abbildung 24: Dosis-Wirkungsbeziehungen bei kardiomyogen differenzierten P19-ECC nach DEHP-Exposition 97

Abbildung 25: Verlauf der Differenzierung von P19-ECC zu schlagenden Kardiomyozyten nach früher DEHP-Exposition 100

Abbildung 26: Messung der Schlagfrequenz von Kardiomyozyten mittels MEA 101

Abbildung 27: Analyse der absoluten Transkriptmenge der Apoptose-Markergene Caspase 3 und Bax unter DEHP [100 µg/ml] Exposition 103

Abbildung 28: Bestimmung der relativen Transkriptmenge methylierungsspezifischer Markergene nach DEHP-Exposition 105

Abbildung 29: LUMA Assay 106

Abbildung 30: CpG Methylierung innerhalb der CpG Insel von Ppara 109

Abbildung 31: CpG Methylierung innerhalb der CpG Insel von Pparg1 111

Abbildung 32: CpG Methylierung innerhalb der CpG Insel von Slc2a4 113

Abbildung 33: Übersicht über CpG-assoziierte Transkriptionsfaktor-Bindestellen im Ppara-Promoto. 114

Abbildung 34: Übersicht über CpG-assoziierte Transkriptionsfaktor-Bindestellen im Pparg1-Promotor 115

Abbildung 35: Bestimmung der relativen Transkriptmenge der kardialen Markergene nach PCB-Exposition 117

Abbildung 36: Bestimmung der relativen Transkriptmenge der PPARs nach PCB-Exposition 118

Abbildung 37: Bestimmung der relativen Transkriptmenge der PPAR *Downstream*-Gene nach DEHP-Exposition 119

Abbildung 38: Dosis-Wirkungsbeziehungen bei kardiomyogen differenzierten P19-ECC nach PCB-Exposition 121

Abbildung 39: Absolute Transkriptmenge von Cyp1a1 in kardiomyogen differenzierenden P19-ECC nach PCB-Exposition (101+118) 122

Abbildung 40: Bestimmung der relativen Transkriptmenge methylierungsspezifischer Markergene unter PCB-Exposition. 124

Abbildung 41: Bestimmung der relativen Transkriptmenge der kardialen Markergene nach PCB+DEHP-Exposition 126
Abbildung 42: Bestimmung der relativen Transkriptmenge der PPARs nach PCB+DEHP-Exposition 127
Abbildung 43: Bestimmung der relativen Transkriptmenge der PPAR *Downstream*-Gene nach DEHP-Exposition 129
Abbildung 44: Absolute Transkriptmenge von Cyp1a1 in kardiomyogen differenzierenden P19-ECC nach DEHP+PCB-Exposition 130
Abbildung 45: Analyse der relativen Transkriptmenge methylierungsspezifischer Markergene in kardiomyogen differenzierenden P19-ECC nach DEHP+PCB-Exposition 132
Abbildung 46: Repräsentatives 2D Gel 134
Abbildung 47: PPAR Signalweg aus der KEGG Datenbank 141
Abbildung 48: Validierung der Proteom-Analyse mittels qRT-PCR 143
Abbildung 49: FACS-Analyse der C3H10T1/2-Differenzierungseffizienz zu Adipozyten nach DEHP-, PCB- und DEHP+PCB-Exposition 144

Tabellen

Tabelle 1: Standard PCR-Ansatz 59
Tabelle 2: Standard PCR-Programm für den Thermocycler 59
Tabelle 3: PCR-Primer für qRT-PCR und Standard-PCR 60
Tabelle 4: Standard *3-Step* Protokoll für qRT-PCR 67
Tabelle 5: Primer Sequenzen und PCR Reaktions-Bedingungen 81
Tabelle 6: Ergebnisse der Proteom-Analyse 135
Tabelle 7: Regulierte Proteine dargestellt mit fold-change und p-Werten vs. Kontrolle (DMSO) 139
Tabelle 8: Expression metabolischer und funktioneller Marker in den drei niedrigen Expositionsgruppen (DEHP, PCB, DEHP+PCB) 178
Tabelle 9: Vergleich der Expressionsraten im Stadium 3 zwischen den drei Expositionsgruppen (DEHP, PCB, DEHP+PCB) 179
Tabelle 10: Vergleich der Expressionsdaten methylierungsspezifischer Marker in den höheren Behandlungsgruppen der drei Expositionsgruppen (DEHP, PCB, DEHP+PCB)182

9. Literaturverzeichnis

Ahlborg, U. G., Brouwer, A., Fingerhut, M. A., Jacobson, J. L., Jacobson, S. W., Kennedy, S. W., Kettrup, A. A., Koeman, J. H., Poiger, H. and Rappe, C. (1992). Impact of polychlorinated dibenzo-p-dioxins, dibenzofurans, and biphenyls on human and environmental health, with special emphasis on application of the toxic equivalency factor concept. *Eur. J. Pharmacol.* **228**, 179–199.

Albro, P. W. and Thomas, R. O. (1973). Enzymatic hydrolysis of di-(2-ethylhexyl) phthalate by lipases. *Biochim. Biophys. Acta* **306**, 380–390.

Albro, P. W., Corbett, J. T., Schroeder, J. L., Jordan, S. and Matthews, H. B. (1982). Pharmacokinetics, interactions with macromolecules and species differences in metabolism of DEHP. *Environ. Health Perspect.* **45**, 19–25.

Andrade, A. J. M., Grande, S. W., Talsness, C. E., Grote, K. and Chahoud, I. (2006). A dose–response study following in utero and lactational exposure to di-(2-ethylhexyl)-phthalate (DEHP): Non-monotonic dose–response and low dose effects on rat brain aromatase activity. *Toxicology* **227**, 185–192.

Anway, M. D., Leathers, C. and Skinner, M. K. (2006). Endocrine disruptor vinclozolin induced epigenetic transgenerational adult-onset disease. *Endocrinology* **147**, 5515–5523.

Araki, M., Nanri, H., Ejima, K., Murasato, Y., Fujiwara, T., Nakashima, Y. and Ikeda, M. (1999). Antioxidant function of the mitochondrial protein SP-22 in the cardiovascular system. *J. Biol. Chem.* **274**, 2271–2278.

Arsenescu, V., Arsenescu, R. I., King, V., Swanson, H. and Cassis, L. A. (2008). Polychlorinated biphenyl-77 induces adipocyte differentiation and proinflammatory adipokines and promotes obesity and atherosclerosis. *Environ. Health Perspect.* **116**, 761–768.

Atlante, A., Calissano, P., Bobba, A., Azzariti, A., Marra, E. and Passarella, S. (2000). Cytochrome c is released from mitochondria in a reactive oxygen species (ROS)-dependent fashion and can operate as a ROS scavenger and as a respiratory substrate in cerebellar neurons undergoing excitotoxic death. *J. Biol. Chem.* **275**, 37159–37166.

Ayotte, P., Muckle, G., Jacobson, J. L., Jacobson, S. W. and Dewailly, E. (2003). Assessment of pre- and postnatal exposure to polychlorinated biphenyls: lessons from the Inuit Cohort Study. *Environ. Health Perspect.* **111**, 1253–1258.

Bager, Y., Lindebro, M. C., Martel, P., Chaumontet, C. and Wärngård, L. (1997). Altered function, localization and phosphorylation of gap junctions in rat liver epithelial, IAR 20, cells after treatment with PCBs or TCDD. *Environ. Toxicol. Pharmacol.* **3**, 257–266.

Baillie-Hamilton, P. F. (2002). Chemical toxins: a hypothesis to explain the global obesity epidemic. *J Altern Complement Med* **8**, 185–192.

Balakumar, P., Rose, M., Ganti, S. S., Krishan, P. and Singh, M. (2007). PPAR dual agonists: are they opening Pandora's Box? *Pharmacol. Res.* **56**, 91–98.

Bannister, R. and Safe, S. (1987). Synergistic interactions of 2,3,7,8-TCDD and 2,2',4,4',5,5'-hexachlorobiphenyl in C57BL/6J and DBA/2J mice: role of the Ah receptor. *Toxicology* **44**, 159–169.

Barger, P. M. and Kelly, D. P. (2000). PPAR signaling in the control of cardiac energy metabolism. *Trends Cardiovasc. Med.* **10**, 238–245.

Barker, D. J., Hales, C. N., Fall, C. H., Osmond, C., Phipps, K. and Clark, P. M. (1993). Type 2 (non-insulin-dependent) diabetes mellitus, hypertension and

hyperlipidaemia (syndrome X): relation to reduced fetal growth. *Diabetologia* **36**, 62–67.
Battershill, J. M. (1994). Review of the safety assessment of polychlorinated biphenyls (PCBs) with particular reference to reproductive toxicity. *Hum Exp Toxicol* **13**, 581–597.
Beresford, A. P. (1993). CYP1A1: friend or foe? *Drug Metab. Rev.* **25**, 503–517.
Berger, J. and Moller, D. E. (2002). The mechanisms of action of PPARs. *Annu. Rev. Med.* **53**, 409–435.
Berggren, K., Chernokalskaya, E., Steinberg, T. H., Kemper, C., Lopez, M. F., Diwu, Z., Haugland, R. P. and Patton, W. F. (2000). Background-free, high sensitivity staining of proteins in one- and two-dimensional sodium dodecyl sulfate-polyacrylamide gels using a luminescent ruthenium complex. *Electrophoresis* **21**, 2509–2521.
Berry, D. C. and Noy, N. (2009). All-trans-retinoic acid represses obesity and insulin resistance by activating both peroxisome proliferation-activated receptor beta/delta and retinoic acid receptor. *Mol. Cell. Biol.* **29**, 3286–3296.
Biemann, R., Navarrete Santos, A., Navarrete Santos, A., Riemann, D., Knelangen, J., Blüher, M., Koch, H. and Fischer, B. (2012). Endocrine disrupting chemicals affect the adipogenic differentiation of mesenchymal stem cells in distinct ontogenetic windows. *Biochem. Biophys. Res. Commun.* **417**, 747–752.
Borch, J., Axelstad, M., Vinggaard, A. M. and Dalgaard, M. (2006). Diisobutyl phthalate has comparable anti-androgenic effects to di-n-butyl phthalate in fetal rat testis. *Toxicol. Lett* **163**, 183–90.
Borlak, J. and Thum, T. (2002a). PCBs alter gene expression of nuclear transcription factors and other heart-specific genes in cultures of primary cardiomyocytes: possible implications for cardiotoxicity. *Xenobiotica* **32**, 1173–1183.
Borlak, J. and Thum, T. (2002b). PCBs alter gene expression of nuclear transcription factors and other heart-specific genes in cultures of primary cardiomyocytes: possible implications for cardiotoxicity. *Xenobiotica* **32**, 1173–1183.
Bota, D. A., Van Remmen, H. and Davies, K. J. A. (2002). Modulation of Lon protease activity and aconitase turnover during aging and oxidative stress. *FEBS Lett.* **532**, 103–106.
Brouwer, A., Morse, D. C., Lans, M. C., Schuur, A. G., Murk, A. J., Klasson-Wehler, E., Bergman, A. and Visser, T. J. (1998). Interactions of persistent environmental organohalogens with the thyroid hormone system: mechanisms and possible consequences for animal and human health. *Toxicol Ind Health* **14**, 59–84.
Calabrese, E. J. (2004). Hormesis: a revolution in toxicology, risk assessment and medicine. *EMBO Rep* **5**, S37–S40.
Camp, H. S., Tafuri, S. R. and Leff, T. (1999). C-Jun N-Terminal Kinase Phosphorylates Peroxisome Proliferator-Activated Receptor-Γ1 and Negatively Regulates Its Transcriptional Activity. *Endocrinology* **140**, 392–397.
Casals-Casas, C., Feige, J. N. and Desvergne, B. (2008). Interference of pollutants with PPARs: endocrine disruption meets metabolism. *Int J Obes (Lond)* **32 Suppl 6**, S53–61.
Cavieres, M. F., Jaeger, J. and Porter, W. (2002). Developmental toxicity of a commercial herbicide mixture in mice: I. Effects on embryo implantation and litter size. *Environ. Health Perspect.* **110**, 1081–1085.
Chang, H.-S., Anway, M. D., Rekow, S. S. and Skinner, M. K. (2006). Transgenerational epigenetic imprinting of the male germline by endocrine disruptor exposure during gonadal sex determination. *Endocrinology* **147**, 5524–5541.

Chevallet, M., Luche, S. and Rabilloud, T. (2006). Silver staining of proteins in polyacrylamide gels. *Nat Protoc* **1**, 1852–1858.
Chiu, H.-C., Kovacs, A., Ford, D. A., Hsu, F.-F., Garcia, R., Herrero, P., Saffitz, J. E. and Schaffer, J. E. (2001). A novel mouse model of lipotoxic cardiomyopathy. *J Clin Invest* **107**, 813–822.
Cimafranca, M. A., Hanlon, P. R. and Jefcoate, C. R. (2004). TCDD administration after the pro-adipogenic differentiation stimulus inhibits PPARgamma through a MEK-dependent process but less effectively suppresses adipogenesis. *Toxicol. Appl. Pharmacol.* **196**, 156–168.
Clausen, I., Kietz, S. and Fischer, B. (2005). Lineage-specific effects of polychlorinated biphenyls (PCB) on gene expression in the rabbit blastocyst. *Reprod. Toxicol* **20**, 47–56.
Cookson, M. R. (2010). DJ-1, PINK1, and their effects on mitochondrial pathways. *Mov. Disord.* **25 Suppl 1**, S44–48.
Correia Carreira, S., Cartwright, L., Mathiesen, L., Knudsen, L. E. and Saunders, M. (2011). Studying placental transfer of highly purified non-dioxin-like PCBs in two models of the placental barrier. *Placenta*.
Crinnion, W. J. (2011). Polychlorinated biphenyls: persistent pollutants with immunological, neurological, and endocrinological consequences. *Altern Med Rev* **16**, 5–13.
Czech, M. P. and Corvera, S. (1999). Signaling Mechanisms That Regulate Glucose Transport. *Journal of Biological Chemistry* **274**, 1865–1868.
Dallaire, R., Muckle, G., Dewailly, E., Jacobson, S. W., Jacobson, J. L., Sandanger, T. M., Sandau, C. D. and Ayotte, P. (2009). Thyroid hormone levels of pregnant inuit women and their infants exposed to environmental contaminants. *Environ. Health Perspect* **117**, 1014–1020.
Dani, C., Smith, A. G., Dessolin, S., Leroy, P., Staccini, L., Villageois, P., Darimont, C. and Ailhaud, G. (1997). Differentiation of embryonic stem cells into adipocytes in vitro. *J. Cell. Sci* **110 (Pt 11)**, 1279–1285.
Degrelle, S. A., Murthi, P., Evain-Brion, D., Fournier, T. and Hue, I. (2011). Expression and localization of DLX3, PPARG and SP1 in bovine trophoblast during binucleated cell differentiation. *Placenta* **32**, 917–920.
Dejean, L. M., Martinez-Caballero, S., Guo, L., Hughes, C., Teijido, O., Ducret, T., Ichas, F., Korsmeyer, S. J., Antonsson, B., Jonas, E. A., et al. (2005). Oligomeric Bax is a component of the putative cytochrome c release channel MAC, mitochondrial apoptosis-induced channel. *Mol. Biol. Cell* **16**, 2424–2432.
Dejean, L. M., Martinez-Caballero, S., Manon, S. and Kinnally, K. W. (2006). Regulation of the mitochondrial apoptosis-induced channel, MAC, by BCL-2 family proteins. *Biochim. Biophys. Acta* **1762**, 191–201.
Desaulniers, D., Xiao, G., Lian, H., Feng, Y.-L., Zhu, J., Nakai, J. and Bowers, W. J. (2009). Effects of mixtures of polychlorinated biphenyls, methylmercury, and organochlorine pesticides on hepatic DNA methylation in prepubertal female Sprague-Dawley rats. *Int. J. Toxicol* **28**, 294–307.
Dolinoy, D. C., Huang, D. and Jirtle, R. L. (2007). Maternal nutrient supplementation counteracts bisphenol A-induced DNA hypomethylation in early development. *Proc. Natl. Acad. Sci. U.S.A.* **104**, 13056–13061.
Dominici, M., Le Blanc, K., Mueller, I., Slaper-Cortenbach, I., Marini, F., Krause, D., Deans, R., Keating, A., Prockop, D. and Horwitz, E. (2006). Minimal criteria for defining multipotent mesenchymal stromal cells. The International Society for Cellular Therapy position statement. *Cytotherapy* **8**, 315–317.
Edwards, M. K., Harris, J. F. and McBurney, M. W. (1983). Induced muscle differentiation in an embryonal carcinoma cell line. *Mol. Cell. Biol.* **3**, 2280–2286.

Ellero-Simatos, S., Claus, S. P., Benelli, C., Forest, C., Letourneur, F., Cagnard, N., Beaune, P. H. and de Waziers, I. (2011). Combined transcriptomic-(1)H NMR metabonomic study reveals that monoethylhexyl phthalate stimulates adipogenesis and glyceroneogenesis in human adipocytes. *J. Proteome Res.* **10**, 5493–5502.

England, R. and Pettersson, M. (2005). Pyro Q-CpG|[trade]|: quantitative analysis of methylation in multiple CpG sites by Pyrosequencing|[reg]|. *Nature Methods | Application Notes.*

Eriksson, P. and Fredriksson, A. (1998). Neurotoxic effects in adult mice neonatally exposed to 3,3'4,4'5-pentachlorobiphenyl or 2,3,3'4,4'-pentachlorobiphenyl. Changes in brain nicotinic receptors and behaviour. *Environ. Toxicol. Pharmacol.* **5**, 17–27.

Erkekoglu, P., Giray, B. K., Kızılgün, M., Rachidi, W., Hininger-Favier, I., Roussel, A.-M., Favier, A. and Hincal, F. (2012). Di(2-ethylhexyl)phthalate-induced renal oxidative stress in rats and protective effect of selenium. *Toxicology mechanisms and methods.*

Evans, M. J. and Kaufman, M. H. (1981). Establishment in culture of pluripotential cells from mouse embryos. *Nature* **292**, 154–156.

Everett, A. W. (1986). Isomyosin expression in human heart in early pre- and post-natal life. *J. Mol. Cell. Cardiol.* **18**, 607–615.

Everett, C. J., Frithsen, I. and Player, M. (2011). Relationship of polychlorinated biphenyls with type 2 diabetes and hypertension. *J Environ Monit* **13**, 241–251.

Fajas, L., Schoonjans, K., Gelman, L., Kim, J. B., Najib, J., Martin, G., Fruchart, J. C., Briggs, M., Spiegelman, B. M. and Auwerx, J. (1999). Regulation of peroxisome proliferator-activated receptor gamma expression by adipocyte differentiation and determination factor 1/sterol regulatory element binding protein 1: implications for adipocyte differentiation and metabolism. *Mol. Cell. Biol.* **19**, 5495–5503.

Fajas, L., Landsberg, R. L., Huss-Garcia, Y., Sardet, C., Lees, J. A. and Auwerx, J. (2002). E2Fs regulate adipocyte differentiation. *Dev. Cell* **3**, 39–49.

Farmer, S. R. (2004). PPARs, Cell Differentiation, and Glucose Homeostasis. In *Cellular Proteins and Their Fatty Acids in Health and Disease* (ed. Duttaroyessor, A. K. and Speneressor, F.), pp. 309–326. Wiley-VCH Verlag GmbH & Co. KGaA.

Feige, J. N., Gelman, L., Rossi, D., Zoete, V., Métivier, R., Tudor, C., Anghel, S. I., Grosdidier, A., Lathion, C., Engelborghs, Y., et al. (2007a). The endocrine disruptor monoethyl-hexyl-phthalate is a selective peroxisome proliferator-activated receptor gamma modulator that promotes adipogenesis. *J. Biol. Chem.* **282**, 19152–19166.

Feige, J. N., Gelman, L., Rossi, D., Zoete, V., Métivier, R., Tudor, C., Anghel, S. I., Grosdidier, A., Lathion, C., Engelborghs, Y., et al. (2007b). The endocrine disruptor monoethyl-hexyl-phthalate is a selective peroxisome proliferator-activated receptor gamma modulator that promotes adipogenesis. *J. Biol. Chem* **282**, 19152–66.

Feige, J. N., Gerber, A., Casals-Casas, C., Yang, Q., Winkler, C., Bedu, E., Bueno, M., Gelman, L., Auwerx, J., Gonzalez, F. J., et al. (2010). The Pollutant Diethylhexyl Phthalate Regulates Hepatic Energy Metabolism via Species-Specific PPARalpha-Dependent Mechanisms. *Environ. Health Perspect* **118**, 234–241.

Ferguson, K. K., Loch-Caruso, R. and Meeker, J. D. (2012). Exploration of oxidative stress and inflammatory markers in relation to urinary phthalate metabolites: NHANES 1999-2006. *Environ. Sci. Technol.* **46**, 477–485.

Finck, B. N., Lehman, J. J., Leone, T. C., Welch, M. J., Bennett, M. J., Kovacs, A., Han, X., Gross, R. W., Kozak, R., Lopaschuk, G. D., et al. (2002). The cardiac phenotype induced by PPARalpha overexpression mimics that caused by diabetes mellitus. *J. Clin. Invest.* **109**, 121–130.

Foster, P. M. d (2006). Disruption of reproductive development in male rat offspring following in utero exposure to phthalate esters. *International Journal of Andrology* **29**, 140–147.

Fowler, P. A., Bellingham, M., Sinclair, K. D., Evans, N. P., Pocar, P., Fischer, B., Schaedlich, K., Schmidt, J.-S., Amezaga, M. R., Bhattacharya, S., et al. (2011). Impact of endocrine-disrupting compounds (EDCs) on female reproductive health. *Mol. Cell. Endocrinol.*

Friedenstein, A. J., Piatetzky-Shapiro, I. I. and Petrakova, K. V. (1966). Osteogenesis in transplants of bone marrow cells. *J Embryol Exp Morphol* **16**, 381–390.

Frontera, M., Dickins, B., Plagge, A. and Kelsey, G. (2008). Imprinted genes, postnatal adaptations and enduring effects on energy homeostasis. *Adv. Exp. Med. Biol.* **626**, 41–61.

Fujiki, K., Kano, F., Shiota, K. and Murata, M. (2009). Expression of the peroxisome proliferator activated receptor gamma gene is repressed by DNA methylation in visceral adipose tissue of mouse models of diabetes. *BMC Biol* **7**, 38.

Furukawa, S., Fujita, T., Shimabukuro, M., Iwaki, M., Yamada, Y., Nakajima, Y., Nakayama, O., Makishima, M., Matsuda, M. and Shimomura, I. (2004). Increased oxidative stress in obesity and its impact on metabolic syndrome. *J. Clin. Invest.* **114**, 1752–1761.

Furukawa, H., Mawatari, K., Koyama, K., Yasui, S., Morizumi, R., Shimohata, T., Harada, N., Takahashi, A. and Nakaya, Y. (2011). Telmisartan increases localization of glucose transporter 4 to the plasma membrane and increases glucose uptake via peroxisome proliferator-activated receptor γ in 3T3-L1 adipocytes. *European Journal of Pharmacology* **660**, 485–491.

García-Mayor, R. V., Larrañaga Vidal, A., Docet Caamaño, M. F. and Lafuente Giménez, A. (2012). Endocrine disruptors and obesity: obesogens. *Endocrinologia Y Nutricion: Organo De La Sociedad Espanola De Endocrinologia Y Nutricion.*

Garritano, S., Pinto, B., Calderisi, M., Cirillo, T., Amodio-Cocchieri, R. and Reali, D. (2006). Estrogen-like activity of seafood related to environmental chemical contaminants. *Environ Health* **5**, 9.

Gearhart, J. D. and Mintz, B. (1974). Contact-Mediated Myogenesis and Increased Acetylcholinesterase Activity in Primary Cultures of Mouse Teratocarcinoma Cells. *Proceedings of the National Academy of Sciences* **71**, 1734–1738.

Gillum, N., Karabekian, Z., Swift, L. M., Brown, R. P., Kay, M. W. and Sarvazyan, N. (2009). Clinically relevant concentrations of Di (2-ethylhexyl) phthalate (DEHP) uncouple cardiac syncytium. *Toxicol Appl Pharmacol.*

Gladen, B. C., Rogan, W. J., Hardy, P., Thullen, J., Tingelstad, J. and Tully, M. (1988). Development after exposure to polychlorinated biphenyls and dichlorodiphenyl dichloroethene transplacentally and through human milk. *J. Pediatr.* **113**, 991–995.

Goncharov, A., Haase, R. F., Santiago-Rivera, A., Morse, G., McCaffrey, R. J., Rej, R. and Carpenter, D. O. (2008). High serum pcbs are associated with elevation of serum lipids and cardiovascular disease in a native american population. *Environ Res* **106**, 226–239.

Gong, J., Zhang, Q., Wang, J., Sun, F., Qian, L., Kong, X., Yang, R., Sheng, Y. and Cao, K. (2008). [Generation of a P19-alphaMHC-EGFP reporter line and

cardiomyocyte differentiation]. *Zhonghua Xin Xue Guan Bing Za Zhi* **36**, 691–694.
Gray, L. E., Wolf, C., Lambright, C., Mann, P., Price, M., Cooper, R. L. and Ostby, J. (1999). Administration of potentially antiandrogenic pesticides (procymidone, linuron, iprodione, chlozolinate, p,p'-DDE, and ketoconazole) and toxic substances (dibutyl- and diethylhexyl phthalate, PCB 169, and ethane dimethane sulphonate) during sexual differentiation produces diverse profiles of reproductive malformations in the male rat. *Toxicol Ind Health* **15**, 94–118.
Gray, L. E., Ostby, J., Furr, J., Price, M., Veeramachaneni, D. N. and Parks, L. (2000). Perinatal exposure to the phthalates DEHP, BBP, and DINP, but not DEP, DMP, or DOTP, alters sexual differentiation of the male rat. *Toxicol. Sci* **58**, 350–65.
Greenbaum, D., Colangelo, C., Williams, K. and Gerstein, M. (2003). Comparing protein abundance and mRNA expression levels on a genomic scale. *Genome Biol.* **4**, 117.
Gregersen, N., Andresen, B. S., Corydon, M. J., Corydon, T. J., Olsen, R. K. J., Bolund, L. and Bross, P. (2001). Mutation analysis in mitochondrial fatty acid oxidation defects: Exemplified by acyl-CoA dehydrogenase deficiencies, with special focus on genotype–phenotype relationship. *Human Mutation* **18**, 169–189.
Gregoretti, I. V., Lee, Y.-M. and Goodson, H. V. (2004). Molecular evolution of the histone deacetylase family: functional implications of phylogenetic analysis. *J. Mol. Biol.* **338**, 17–31.
Grün, F. (2010). Obesogens. *Curr Opin Endocrinol Diabetes Obes* **17**, 453–459.
Grün, F. and Blumberg, B. (2007). Perturbed nuclear receptor signaling by environmental obesogens as emerging factors in the obesity crisis. *Rev Endocr Metab Disord* **8**, 161–171.
Grün, F. and Blumberg, B. (2009). Endocrine disrupters as obesogens. *Mol. Cell. Endocrinol.* **304**, 19–29.
Gunnarsson, D., Leffler, P., Ekwurtzel, E., Martinsson, G., Liu, K. and Selstam, G. (2008). Mono-(2-ethylhexyl) phthalate stimulates basal steroidogenesis by a cAMP-independent mechanism in mouse gonadal cells of both sexes. *Reproduction* **135**, 693–703.
Guo, Y., Xiao, P., Lei, S., Deng, F., Xiao, G. G., Liu, Y., Chen, X., Li, L., Wu, S., Chen, Y., et al. (2008). How is mRNA expression predictive for protein expression? A correlation study on human circulating monocytes. *Acta Biochim. Biophys. Sin. (Shanghai)* **40**, 426–436.
Habegger, K. M., Hoffman, N. J., Ridenour, C. M., Brozinick, J. T. and Elmendorf, J. S. (2012). AMPK Enhances Insulin-Stimulated GLUT4 Regulation via Lowering Membrane Cholesterol. *Endocrinology*.
Hadley, C. (2003). What doesn't kill you makes you stronger. *EMBO Rep* **4**, 924–926.
Hatch, E. E., Nelson, J. W., Qureshi, M. M., Weinberg, J., Moore, M. L., Singer, M. and Webster, T. F. (2008). Association of urinary phthalate metabolite concentrations with body mass index and waist circumference: a cross-sectional study of NHANES data, 1999-2002. *Environ Health* **7**, 27.
He, W. (2009). PPARgamma2 Polymorphism and Human Health. *PPAR Res* **2009**, 849538.
He, N. G., Singhal, S. S., Srivastava, S. K., Zimniak, P., Awasthi, Y. C. and Awasthi, S. (1996). Transfection of a 4-hydroxynonenal metabolizing glutathione S-transferase isozyme, mouse GSTA4-4, confers doxorubicin resistance to Chinese hamster ovary cells. *Arch. Biochem. Biophys.* **333**, 214–220.

Heindel, J. J. (2003). Endocrine disruptors and the obesity epidemic. *Toxicol. Sci.* **76**, 247–249.
Heinemeyer, T., Wingender, E., Reuter, I., Hermjakob, H., Kel, A. E., Kel, O. V., Ignatieva, E. V., Ananko, E. A., Podkolodnaya, O. A., Kolpakov, F. A., et al. (1998). Databases on transcriptional regulation: TRANSFAC, TRRD and COMPEL. *Nucleic Acids Res.* **26**, 362–367.
Hines, E. P., Calafat, A. M., Silva, M. J., Mendola, P. and Fenton, S. E. (2009). Concentrations of phthalate metabolites in milk, urine, saliva, and Serum of lactating North Carolina women. *Environ Health Perspect* **117**, 86–92.
Holtcamp, W. (2012). Obesogens: an environmental link to obesity. *Environ. Health Perspect.* **120**, a62–68.
Houstis, N., Rosen, E. D. and Lander, E. S. (2006). Reactive oxygen species have a causal role in multiple forms of insulin resistance. *Nature* **440**, 944–948.
Hu, E., Kim, J. B., Sarraf, P. and Spiegelman, B. M. (1996). Inhibition of Adipogenesis Through MAP Kinase-Mediated Phosphorylation of PPARγ. *Science* **274**, 2100–2103.
Huang, P.-C., Kuo, P.-L., Chou, Y.-Y., Lin, S.-J. and Lee, C.-C. (2008). Association between prenatal exposure to phthalates and the health of newborns. *Environment International.*
Huang, J.-P., Huang, S.-S., Deng, J.-Y. and Hung, L.-M. (2009). Impairment of insulin-stimulated Akt/GLUT4 signaling is associated with cardiac contractile dysfunction and aggravates I/R injury in STZ-diabetic rats. *J. Biomed. Sci.* **16**, 77.
Huang, H.-Y., Hu, L.-L., Song, T.-J., Li, X., He, Q., Sun, X., Li, Y.-M., Lu, H.-J., Yang, P.-Y. and Tang, Q.-Q. (2010). Involvement of cytoskeleton-associated proteins in the commitment of C3H10T1/2 pluripotent stem cells to adipocyte lineage induced by BMP2/4. *Mol Cell Proteomics.*
Ikegwuonu, F. I. and Jefcoate, C. R. (1999). Evidence for the involvement of the fatty acid and peroxisomal beta-oxidation pathways in the inhibition by dehydroepiandrosterone (DHEA) and induction by 2,3,7,8-tetrachlorodibenzo-p-dioxin (TCDD) and benz(a)anthracene (BA) of cytochrome P4501B1 (CYP1B1) in mouse embryo fibroblasts (C3H10T1/2 cells). *Mol. Cell. Biochem.* **198**, 89–100.
Jacobson, J. L. and Jacobson, S. W. (2002). Association of prenatal exposure to an environmental contaminant with intellectual function in childhood. *J. Toxicol. Clin. Toxicol.* **40**, 467–475.
Jain, M., Brenner, D. A., Cui, L., Lim, C. C., Wang, B., Pimentel, D. R., Koh, S., Sawyer, D. B., Leopold, J. A., Handy, D. E., et al. (2003). Glucose-6-Phosphate Dehydrogenase Modulates Cytosolic Redox Status and Contractile Phenotype in Adult Cardiomyocytes. *Circulation Research* **93**, e9–e16.
Janesick, A. and Blumberg, B. (2011). Minireview: PPARγ as the target of obesogens. *J. Steroid Biochem. Mol. Biol.* **127**, 4–8.
Janesick, A. and Blumberg, B. (2012). Obesogens, stem cells and the developmental programming of obesity. *International Journal of Andrology.*
Jarfelt, K., Dalgaard, M., Hass, U., Borch, J., Jacobsen, H. and Ladefoged, O. (2005). Antiandrogenic effects in male rats perinatally exposed to a mixture of di(2-ethylhexyl) phthalate and di(2-ethylhexyl) adipate. *Reprod. Toxicol* **19**, 505–15.
Jones-Villeneuve, E. M., McBurney, M. W., Rogers, K. A. and Kalnins, V. I. (1982). Retinoic acid induces embryonal carcinoma cells to differentiate into neurons and glial cells. *J. Cell Biol.* **94**, 253–262.
Jonker, M. J., Svendsen, C., Bedaux, J. J. M., Bongers, M. and Kammenga, J. E. (2009). Significance testing of synergistic/antagonistic, dose level-dependent, or

dose ratio-dependent effects in mixture dose-response analysis. *Environmental Toxicology and Chemistry* **24**, 2701–2713.
Jung, S.-R., Kim, Y.-J., Gwon, A.-R., Lee, J., Jo, D.-G., Jeon, T.-J., Hong, J.-W., Park, K.-M. and Park, K. W. (2011). Genistein mediates the anti-adipogenic actions of Sophora japonica L. extracts. *J Med Food* **14**, 360–368.
Junn, E., Jang, W. H., Zhao, X., Jeong, B. S. and Mouradian, M. M. (2009). Mitochondrial localization of DJ-1 leads to enhanced neuroprotection. *J. Neurosci. Res.* **87**, 123–129.
Kafri, T., Ariel, M., Brandeis, M., Shemer, R., Urven, L., McCarrey, J., Cedar, H. and Razin, A. (1992). Developmental pattern of gene-specific DNA methylation in the mouse embryo and germ line. *Genes Dev.* **6**, 705–714.
Kahan, B. W. and Ephrussi, B. (1970). Developmental potentialities of clonal in vitro cultures of mouse testicular teratoma. *J. Natl. Cancer Inst.* **44**, 1015–1036.
Karimi, M., Johansson, S., Stach, D., Corcoran, M., Grandér, D., Schalling, M., Bakalkin, G., Lyko, F., Larsson, C. and Ekström, T. J. (2006). LUMA (LUminometric Methylation Assay)—A high throughput method to the analysis of genomic DNA methylation. *Experimental Cell Research* **312**, 1989–1995.
Karoutsou, E. and Polymeris, A. (2012). Environmental endocrine disruptors and obesity. *Endocr Regul* **46**, 37–46.
Kato, K., Silva, M. J., Reidy, J. A., Hurtz, D., 3rd, Malek, N. A., Needham, L. L., Nakazawa, H., Barr, D. B. and Calafat, A. M. (2004). Mono(2-ethyl-5-hydroxyhexyl) phthalate and mono-(2-ethyl-5-oxohexyl) phthalate as biomarkers for human exposure assessment to di-(2-ethylhexyl) phthalate. *Environ. Health Perspect.* **112**, 327–330.
Kershaw, E. E. and Flier, J. S. (2004). Adipose Tissue as an Endocrine Organ. *JCEM* **89**, 2548–2556.
Kietz, S. and Fischer, B. (2003). Polychlorinated biphenyls affect gene expression in the rabbit preimplantation embryo. *Mol. Reprod. Dev* **64**, 251–60.
Kim, S. W., Choi, O. K., Jung, J. Y., Yang, J.-Y., Cho, S. W., Shin, C. S., Park, K. S. and Kim, S. Y. (2009). Ghrelin inhibits early osteogenic differentiation of C3H10T1/2 cells by suppressing Runx2 expression and enhancing PPARgamma and C/EBPalpha expression. *J. Cell. Biochem.* **106**, 626–632.
Kramer, J., Hegert, C., Guan, K., Wobus, A. M., Müller, P. K. and Rohwedel, J. (2000). Embryonic stem cell-derived chondrogenic differentiation in vitro: activation by BMP-2 and BMP-4. *Mech. Dev.* **92**, 193–205.
Kurabayashi, M., Tsuchimochi, H., Komuro, I., Takaku, F. and Yazaki, Y. (1988). Molecular cloning and characterization of human cardiac alpha- and beta-form myosin heavy chain complementary DNA clones. Regulation of expression during development and pressure overload in human atrium. *J. Clin. Invest.* **82**, 524–531.
Kuramochi, Y., Guo, X., Sawyer, D. B. and Lim, C. C. (2006). Rapid electrical stimulation induces early activation of kinase signal transduction pathways and apoptosis in adult rat ventricular myocytes. *Exp. Physiol.* **91**, 773–780.
Labosky, P. a., Barlow, D. p. and Hogan, B. l. (1994). Mouse embryonic germ (EG) cell lines: transmission through the germline and differences in the methylation imprint of insulin-like growth factor 2 receptor (Igf2r) gene compared with embryonic stem (ES) cell lines. *Development* **120**, 3197–3204.
Langer, P., Kocan, A., Tajtaková, M., Petrík, J., Chovancová, J., Drobná, B., Jursa, S., Rádiková, Z., Koska, J., Ksinantová, L., et al. (2007). Fish from industrially polluted freshwater as the main source of organochlorinated pollutants and increased frequency of thyroid disorders and dysglycemia. *Chemosphere* **67**, S379–385.

Leahy, A., Xiong, J. W., Kuhnert, F. and Stuhlmann, H. (1999). Use of developmental marker genes to define temporal and spatial patterns of differentiation during embryoid body formation. *J. Exp. Zool.* 284, 67–81.

Lee, D. W., Notter, S. A., Thiruchelvam, M., Dever, D. P., Fitzpatrick, R., Kostyniak, P. J., Cory-Slechta, D. A. and Opanashuk, L. A. (2012). Subchronic polychlorinated biphenyl (Aroclor 1254) exposure produces oxidative damage and neuronal death of ventral midbrain dopaminergic systems. *Toxicol. Sci.* 125, 496–508.

Leonhardt, H., Page, A. W., Weier, H. U. and Bestor, T. H. (1992). A targeting sequence directs DNA methyltransferase to sites of DNA replication in mammalian nuclei. *Cell* 71, 865–873.

Levin, B. E. (2006). Metabolic imprinting: critical impact of the perinatal environment on the regulation of energy homeostasis. *Philos. Trans. R. Soc. Lond., B, Biol. Sci.* 361, 1107–1121.

Li, L. Y., Luo, X. and Wang, X. (2001). Endonuclease G is an apoptotic DNase when released from mitochondria. *Nature* 412, 95–99.

Lillycrop, K. A., Phillips, E. S., Jackson, A. A., Hanson, M. A. and Burdge, G. C. (2005). Dietary Protein Restriction of Pregnant Rats Induces and Folic Acid Supplementation Prevents Epigenetic Modification of Hepatic Gene Expression in the Offspring. *J. Nutr.* 135, 1382–1386.

Lillycrop, K. A., Phillips, E. S., Torrens, C., Hanson, M. A., Jackson, A. A. and Burdge, G. C. (2008). Feeding pregnant rats a protein-restricted diet persistently alters the methylation of specific cytosines in the hepatic PPAR alpha promoter of the offspring. *Br. J. Nutr.* 100, 278–282.

Lim, C. K., Kim, S.-K., Ko, D. S., Cho, J. W., Jun, J. H., An, S.-Y., Han, J. H., Kim, J.-H. and Yoon, Y.-D. (2009). Differential cytotoxic effects of mono-(2-ethylhexyl) phthalate on blastomere-derived embryonic stem cells and differentiating neurons. *Toxicology*.

Lin, Y., Berg, A. H., Iyengar, P., Lam, T. K. T., Giacca, A., Combs, T. P., Rajala, M. W., Du, X., Rollman, B., Li, W., et al. (2005). The hyperglycemia-induced inflammatory response in adipocytes: the role of reactive oxygen species. *J. Biol. Chem.* 280, 4617–4626.

Lin, H., Ogawa, K., Imanaga, I. and Tribulova, N. (2006). Alterations of connexin 43 in the diabetic rat heart. *Adv Cardiol* 42, 243–254.

Lister, R., Pelizzola, M., Dowen, R. H., Hawkins, R. D., Hon, G., Tonti-Filippini, J., Nery, J. R., Lee, L., Ye, Z., Ngo, Q.-M., et al. (2009). Human DNA methylomes at base resolution show widespread epigenomic differences. *Nature* 462, 315–322.

Liu, X. and Jefcoate, C. (2006). 2,3,7,8-tetrachlorodibenzo-p-dioxin and epidermal growth factor cooperatively suppress peroxisome proliferator-activated receptor-gamma1 stimulation and restore focal adhesion complexes during adipogenesis: selective contributions of Src, Rho, and Erk distinguish these overlapping processes in C3H10T1/2 cells. *Mol. Pharmacol.* 70, 1902–1915.

Liu, K.-C., Huang, Y.-T., Wu, P.-P., Ji, B.-C., Yang, J.-S., Yang, J.-L., Chiu, T.-H., Chueh, F.-S. and Chung, J.-G. (2011). The roles of AIF and Endo G in the apoptotic effects of benzyl isothiocyanate on DU 145 human prostate cancer cells via the mitochondrial signaling pathway. *Int. J. Oncol.* 38, 787–796.

Lock, L. F., Takagi, N. and Martin, G. R. (1987). Methylation of the Hprt gene on the inactive X occurs after chromosome inactivation. *Cell* 48, 39–46.

Lopaschuk, G. D. and Spafford, M. (1989). Response of isolated working hearts to fatty acids and carnitine palmitoyltransferase I inhibition during reduction of coronary flow in acutely and chronically diabetic rats. *Circ. Res.* 65, 378–387.

Ma, Q. and Lu, A. Y. H. (2007). CYP1A induction and human risk assessment: an evolving tale of in vitro and in vivo studies. *Drug Metab. Dispos.* **35**, 1009–1016.
Main, K. M., Mortensen, G. K., Kaleva, M. M., Boisen, K. A., Damgaard, I. N., Chellakooty, M., Schmidt, I. M., Suomi, A.-M., Virtanen, H. E., Petersen, D. V. H., et al. (2006). Human breast milk contamination with phthalates and alterations of endogenous reproductive hormones in infants three months of age. *Environ. Health Perspect* **114**, 270–6.
Mandavia, C. H., Pulakat, L., Demarco, V. and Sowers, J. R. (2012). Over-nutrition and metabolic cardiomyopathy. *Metabolism: Clinical and Experimental.*
Mansego, M. L., Martínez, F., Martínez-Larrad, M. T., Zabena, C., Rojo, G., Morcillo, S., Soriguer, F., Martín-Escudero, J. C., Serrano-Ríos, M., Redon, J., et al. (2012). Common variants of the liver Fatty Acid binding protein gene influence the risk of type 2 diabetes and insulin resistance in spanish population. *PLoS ONE* **7**, e31853.
Martin, G. R. (1981). Isolation of a pluripotent cell line from early mouse embryos cultured in medium conditioned by teratocarcinoma stem cells. *Proceedings of the National Academy of Sciences* **78**, 7634 –7638.
Martinez-Arguelles, D. B., Culty, M., Zirkin, B. R. and Papadopoulos, V. (2009). In utero exposure to di-(2-ethylhexyl) phthalate decreases mineralocorticoid receptor expression in the adult testis. *Endocrinology* **150**, 5575–5585.
Mayer, W., Niveleau, A., Walter, J., Fundele, R. and Haaf, T. (2000). Embryogenesis: Demethylation of the zygotic paternal genome. *Nature* **403**, 501–502.
McBurney, M. W. and Rogers, B. J. (1982). Isolation of male embryonal carcinoma cells and their chromosome replication patterns. *Dev. Biol.* **89**, 503–508.
McBurney, M. W., Jones-Villeneuve, E. M., Edwards, M. K. and Anderson, P. J. (1982). Control of muscle and neuronal differentiation in a cultured embryonal carcinoma cell line. *Nature* **299**, 165–167.
McMillen, I. C. and Robinson, J. S. (2005). Developmental origins of the metabolic syndrome: prediction, plasticity, and programming. *Physiol. Rev.* **85**, 571–633.
Michalik, L., Auwerx, J., Berger, J. P., Chatterjee, V. K., Glass, C. K., Gonzalez, F. J., Grimaldi, P. A., Kadowaki, T., Lazar, M. A., O'Rahilly, S., et al. (2006). International Union of Pharmacology. LXI. Peroxisome proliferator-activated receptors. *Pharmacol. Rev.* **58**, 726–741.
Millar, D. S., Holliday, R. and Grigg, G. W. Five Not Four: History and Significance of the Fifth Base. In *The Epigenome* (ed. Beck, S. and Olek, A.), pp. 1–20. Wiley-VCH Verlag GmbH & Co. KGaA.
Mills III, S. A., Thal, D. I. and Barney, J. (2007). A summary of the 209 PCB congener nomenclature. *Chemosphere* **68**, 1603–1612.
Mintz, B. and Illmensee, K. (1975). Normal genetically mosaic mice produced from malignant teratocarcinoma cells. *Proceedings of the National Academy of Sciences* **72**, 3585 –3589.
Miyawaki, J., Sakayama, K., Kato, H., Yamamoto, H. and Masuno, H. (2007). Perinatal and postnatal exposure to bisphenol a increases adipose tissue mass and serum cholesterol level in mice. *J. Atheroscler. Thromb.* **14**, 245–252.
Monk, M., Boubelik, M. and Lehnert, S. (1987). Temporal and regional changes in DNA methylation in the embryonic, extraembryonic and germ cell lineages during mouse embryo development. *Development* **99**, 371–382.
Montgomery, R. L., Davis, C. A., Potthoff, M. J., Haberland, M., Fielitz, J., Qi, X., Hill, J. A., Richardson, J. A. and Olson, E. N. (2007). Histone deacetylases 1 and 2 redundantly regulate cardiac morphogenesis, growth, and contractility. *Genes Dev.* **21**, 1790–1802.

Moore, J. C., Spijker, R., Martens, A. C., de Boer, T., Rook, M. B., van der Heyden, M. A. G., Tertoolen, L. G. and Mummery, C. L. (2004). A P19Cl6 GFP reporter line to quantify cardiomyocyte differentiation of stem cells. *Int. J. Dev. Biol.* **48**, 47-55.

Morley, P. and Whitfield, J. F. (1993). The differentiation inducer, dimethyl sulfoxide, transiently increases the intracellular calcium ion concentration in various cell types. *J. Cell. Physiol.* **156**, 219-225.

Morrow, J. P., Katchman, A., Son, N.-H., Trent, C. M., Khan, R., Shiomi, T., Huang, H., Amin, V., Lader, J. M., Vasquez, C., et al. (2011). Mice with cardiac overexpression of peroxisome proliferator-activated receptor γ have impaired repolarization and spontaneous fatal ventricular arrhythmias. *Circulation* **124**, 2812-2821.

Murakami, K., Shigematsu, Y., Hamada, M. and Higaki, J. (2004). Insulin resistance in patients with hypertrophic cardiomyopathy. *Circ. J.* **68**, 650-655.

Murthy, V. K. and Shipp, J. C. (1977). Accumulation of myocardial triglycerides ketotic diabetes; evidence for increased biosynthesis. *Diabetes* **26**, 222-229.

Nakao, K., Minobe, W., Roden, R., Bristow, M. R. and Leinwand, L. A. (1997). Myosin heavy chain gene expression in human heart failure. *Journal of Clinical Investigation* **100**, 2362-2370.

Nesto, R. W. and Phillips, R. T. (1986). Asymptomatic myocardial ischemia in diabetic patients. *Am. J. Med.* **80**, 40-47.

Niino, T., Asakura, T., Ishibashi, T., Itoh, T., Sakai, S., Ishiwata, H., Yamada, T. and Onodera, S. (2003). A simple and reproducible testing method for dialkyl phthalate migration from polyvinyl chloride products into saliva simulant. *Shokuhin Eiseigaku Zasshi* **44**, 13-18.

OECD (2010). Mortalität durch Herzerkrankung und Schlaganfall. In *Gesundheit auf einen Blick 2009*, pp. 22-23. OECD Publishing.

OECD. 2010. Obesity and the Economics of Prevention - Books - OECD iLibrary. http://www.oecd-ilibrary.org/content/book/9789264084865-en.

Orphanides, G. and Reinberg, D. (2002). A unified theory of gene expression. *Cell* **108**, 439-451.

Paulik, M. A. and Lenhard, J. M. (1997). Thiazolidinediones inhibit alkaline phosphatase activity while increasing expression of uncoupling protein, deiodinase, and increasing mitochondrial mass in C3H10T1/2 cells. *Cell Tissue Res.* **290**, 79-87.

Plusquellec, P., Muckle, G., Dewailly, E., Ayotte, P., Bégin, G., Desrosiers, C., Després, C., Saint-Amour, D. and Poitras, K. (2010). The relation of environmental contaminants exposure to behavioral indicators in Inuit preschoolers in Arctic Quebec. *Neurotoxicology* **31**, 17-25.

Pocar, P., Fiandanese, N., Secchi, C., Berrini, A., Fischer, B., Schmidt, J. S., Schaedlich, K. and Borromeo, V. (2011a). Exposure to Di(2-ethyl-hexyl) phthalate (DEHP) in Utero and during Lactation Causes Long-Term Pituitary-Gonadal Axis Disruption in Male and Female Mouse Offspring. *Endocrinology*.

Pocar, P., Fiandanese, N., Secchi, C., Berrini, A., Fischer, B., Schmidt, J.-S., Schaedlich, K., Rhind, S. M., Zhang, Z. and Borromeo, V. (2011b). Effects of Polychlorinated Biphenyls In Cd-1 Mice: Reproductive Toxicity And Intergenerational Transmission. *Toxicological Sciences: An Official Journal of the Society of Toxicology*.

Pohjanvirta, R. (2011). *The Ah Receptor in Biology and Toxicology*. John Wiley and Sons.

Pop, C. and Salvesen, G. S. (2009). Human Caspases: Activation, Specificity, and Regulation. *J. Biol. Chem.* **284**, 21777-21781.

Posnack, N. G., Lee, N. H., Brown, R. and Sarvazyan, N. (2010). Gene expression profiling of DEHP-treated cardiomyocytes reveals potential causes of phthalate arrhythmogenicity. *Toxicology*.

Posnack, N. G., Swift, L. M., Kay, M. W., Lee, N. H. and Sarvazyan, N. (2012). Phthalate Exposure Changes the Metabolic Profile of Cardiac Muscle Cells. *Environmental health perspectives*.

Reyes, H., Reisz-Porszasz, S. and Hankinson, O. (1992). Identification of the Ah Receptor Nuclear Translocator Protein (Arnt) as a Component of the DNA Binding Form of the Ah Receptor. *Science* 256, 1193–1195.

Reznikoff, C. A., Brankow, D. W. and Heidelberger, C. (1973). Establishment and Characterization of a Cloned Line of C3H Mouse Embryo Cells Sensitive to Postconfluence Inhibition of Division. *Cancer Research* 33, 3231–3238.

Rider, C. V., Furr, J. R., Wilson, V. S. and Gray, L. E., Jr (2010). Cumulative effects of in utero administration of mixtures of reproductive toxicants that disrupt common target tissues via diverse mechanisms of toxicity. *Int. J. Androl.* 33, 443–462.

Riebniger, D. and Schrenk, D. (1998). Nonresponsiveness to 2,3,7,8-Tetrachlorodibenzo-p-Dioxin of Transforming Growth Factor β1 and CYP 1A1 Gene Expression in Rat Liver Fat-Storing Cells. *Toxicology and Applied Pharmacology* 152, 251–260.

Risau, W., Sariola, H., Zerwes, H. G., Sasse, J., Ekblom, P., Kemler, R. and Doetschman, T. (1988). Vasculogenesis and angiogenesis in embryonic-stem-cell-derived embryoid bodies. *Development* 102, 471–478.

Rogan, W. J., Gladen, B. C. and Wilcox, A. J. (1985). Potential reproductive and postnatal morbidity from exposure to polychlorinated biphenyls: epidemiologic considerations. *Environ. Health Perspect* 60, 233–9.

Rohwedel, J., Guan, K., Hegert, C. and Wobus, A. M. (2001). Embryonic stem cells as an in vitro model for mutagenicity, cytotoxicity and embryotoxicity studies: present state and future prospects. *Toxicol In Vitro* 15, 741–753.

Rom, W. N. and Markowitz, S. B. (2006). *Environmental And Occupational Medicine*. Lippincott Williams & Wilkins.

Santos, F., Hendrich, B., Reik, W. and Dean, W. (2002). Dynamic Reprogramming of DNA Methylation in the Early Mouse Embryo. *Developmental Biology* 241, 172–182.

Sassone-Corsi, P. (2002). Unique chromatin remodeling and transcriptional regulation in spermatogenesis. *Science* 296, 2176–2178.

Schaedlich, K., Knelangen, J. M., Santos, A. N., Fischer, B. and Santos, A. N. (2010). A simple method to sort ESC-derived adipocytes. *Cytometry A*.

Schmidt, J.-S., Schaedlich, K., Fiandanese, N., Pocar, P. and Fischer, B. (2012). Di(2-ethylhexyl) Phthalate (DEHP) Impairs Female Fertility and Promotes Adipogenesis in C3H/N Mice. *Environmental health perspectives*.

Schnekenburger, M., Talaska, G. and Puga, A. (2007). Chromium cross-links histone deacetylase 1-DNA methyltransferase 1 complexes to chromatin, inhibiting histone-remodeling marks critical for transcriptional activation. *Mol. Cell. Biol.* 27, 7089–7101.

Schug, T. T., Janesick, A., Blumberg, B. and Heindel, J. J. (2011). Endocrine disrupting chemicals and disease susceptibility. *The Journal of Steroid Biochemistry and Molecular Biology* 127, 204–215.

Schulz, R., Aker, S., Belosjorow, S., Konietzka, I., Rauen, U. and Heusch, G. (2003). Stress kinase phosphorylation is increased in pacing-induced heart failure in rabbits. *Am. J. Physiol. Heart Circ. Physiol.* 285, H2084–2090.

SCENIHR (2008). The safety of medical devices containing dehpplasticized pvc or other plasticizers on neonates and other groups possibly at risk. European Commission.
Seiler, A. E. M. and Spielmann, H. (2011). The validated embryonic stem cell test to predict embryotoxicity in vitro. *Nat. Protocols* **6**, 961–978.
Seiler, P., Fischer, B., Lindenau, A. and Beier, H. M. (1994). Effects of persistent chlorinated hydrocarbons on fertility and embryonic development in the rabbit. *Hum. Reprod* **9**, 1920–6.
Selvakumar, K., Bavithra, S., Krishnamoorthy, G., Venkataraman, P. and Arunakaran, J. (2012). Polychlorinated biphenyls-induced oxidative stress on rat hippocampus: a neuroprotective role of quercetin. *ScientificWorldJournal* **2012**, 980314.
Shaban, Z., El-Shazly, S., Abdelhady, S., Fattouh, I., Muzandu, K., Ishizuka, M., Kimura, K., Kazusaka, A. and Fujita, S. (2004). Down regulation of hepatic PPARalpha function by AhR ligand. *J. Vet. Med. Sci.* **66**, 1377–1386.
Sharman, M., Read, W. A., Castle, L. and Gilbert, J. (1994). Levels of di-(2-ethylhexyl)phthalate and total phthalate esters in milk, cream, butter and cheese. *Food Addit Contam* **11**, 375–385.
Sharpe, R. M. (2008). "Additional" effects of phthalate mixtures on fetal testosterone production. *Toxicol. Sci.*
Shaz, B. H., Grima, K. and Hillyer, C. D. (2011). 2-(Diethylhexyl)phthalate in blood bags: is this a public health issue? *Transfusion* **51**, 2510–2517.
Shi, L. and Wu, J. (2009). Epigenetic regulation in mammalian preimplantation embryo development. *Reproductive Biology and Endocrinology* **7**, 59.
Siegenthaler, G., Hotz, R., Chatellard-Gruaz, D., Didierjean, L., Hellman, U. and Saurat, J. H. (1994). Purification and characterization of the human epidermal fatty acid-binding protein: localization during epidermal cell differentiation in vivo and in vitro. *Biochem. J.* **302 (Pt 2)**, 363–371.
Silva, M. J., Barr, D. B., Reidy, J. A., Kato, K., Malek, N. A., Hodge, C. C., Hurtz, D., 3rd, Calafat, A. M., Needham, L. L. and Brock, J. W. (2003). Glucuronidation patterns of common urinary and serum monoester phthalate metabolites. *Arch. Toxicol.* **77**, 561–567.
Silva, M. J., Reidy, J. A., Herbert, A. R., Preau, J. L., Jr, Needham, L. L. and Calafat, A. M. (2004). Detection of phthalate metabolites in human amniotic fluid. *Bull Environ Contam Toxicol* **72**, 1226–1231.
Simecková, P., Vondrácek, J., Andrysík, Z., Zatloukalová, J., Krcmár, P., Kozubík, A. and Machala, M. (2009). The 2,2',4,4',5,5'-hexachlorobiphenyl-enhanced degradation of connexin 43 involves both proteasomal and lysosomal activities. *Toxicol. Sci.* **107**, 9–18.
Singh, S. and Li, S. S.-L. Phthalates: Toxicogenomics and inferred human diseases. *Genomics* **In Press, Accepted Manuscript**,.
Skerjanc, I. S. (1999). Cardiac and skeletal muscle development in P19 embryonal carcinoma cells. *Trends Cardiovasc. Med.* **9**, 139–143.
Smink, A., Ribas-Fito, N., Garcia, R., Torrent, M., Mendez, M. A., Grimalt, J. O. and Sunyer, J. (2008). Exposure to hexachlorobenzene during pregnancy increases the risk of overweight in children aged 6 years. *Acta Paediatr.* **97**, 1465–1469.
Smith, A. G., Heath, J. K., Donaldson, D. D., Wong, G. G., Moreau, J., Stahl, M. and Rogers, D. (1988). Inhibition of pluripotential embryonic stem cell differentiation by purified polypeptides. *Nature* **336**, 688–690.
Smith, G., Stubbins, M. J., Harries, L. W. and Wolf, C. R. (1998). Molecular genetics of the human cytochrome P450 monooxygenase superfamily. *Xenobiotica* **28**, 1129–1165.

Smits-van Prooije, A. E., Waalkens-Berendsen, D. H., Morse, D. C., Koopman-Esseboom, C., Huisman, M., Sauer, P. J., Boersma, E. R., Lammers, J. H., van den Berg, K. J., van der Paauw, G. C., et al. (1996). The effects on mammals of pre- and postnatal environmental exposure to PCBS. The Dutch Collaborative PCB/Dioxin Study. *Arch. Toxicol. Suppl* **18**, 97–102.

Soares, A. F., Guichardant, M., Cozzone, D., Bernoud-Hubac, N., Bouzaïdi-Tiali, N., Lagarde, M. and Géloën, A. (2005). Effects of oxidative stress on adiponectin secretion and lactate production in 3T3-L1 adipocytes. *Free Radic. Biol. Med.* **38**, 882–889.

Son, N.-H., Park, T.-S., Yamashita, H., Yokoyama, M., Huggins, L. A., Okajima, K., Homma, S., Szabolcs, M. J., Huang, L.-S. and Goldberg, I. J. (2007a). Cardiomyocyte expression of PPARγ leads to cardiac dysfunction in mice. *Journal of Clinical Investigation* **117**, 2791–2801.

Son, N.-H., Park, T.-S., Yamashita, H., Yokoyama, M., Huggins, L. A., Okajima, K., Homma, S., Szabolcs, M. J., Huang, L.-S. and Goldberg, I. J. (2007b). Cardiomyocyte expression of PPARγ leads to cardiac dysfunction in mice. *J Clin Invest* **117**, 2791–2801.

Staels, B. and Fruchart, J.-C. (2005). Therapeutic roles of peroxisome proliferator-activated receptor agonists. *Diabetes* **54**, 2460–2470.

Stewart, C. L., Gadi, I. and Bhatt, H. (1994). Stem cells from primordial germ cells can reenter the germ line. *Dev. Biol.* **161**, 626–628.

Stuart, C. A., Yin, D., Howell, M. E. A., Dykes, R. J., Laffan, J. J. and Ferrando, A. A. (2006). Hexose transporter mRNAs for GLUT4, GLUT5, and GLUT12 predominate in human muscle. *American Journal of Physiology - Endocrinology And Metabolism* **291**, E1067–E1073.

Su, P.-H., Huang, P.-C., Lin, C.-Y., Ying, T.-H., Chen, J.-Y. and Wang, S.-L. (2012). The effect of in utero exposure to dioxins and polychlorinated biphenyls on reproductive development in eight year-old children. *Environ Int* **39**, 181–187.

Sudo, T., Mimori, K., Nishida, N., Kogo, R., Iwaya, T., Tanaka, F., Shibata, K., Fujita, H., Shirouzu, K. and Mori, M. (2011). Histone deacetylase 1 expression in gastric cancer. *Oncol. Rep.* **26**, 777–782.

Suganuma, T. and Workman, J. L. (2008). Crosstalk among Histone Modifications. *Cell* **135**, 604–607.

Swan, S. H. (2006). Prenatal phthalate exposure and anogenital distance in male infants. *Environ. Health Perspect* **114**, A88–9.

Swan, S. H., Main, K. M., Liu, F., Stewart, S. L., Kruse, R. L., Calafat, A. M., Mao, C. S., Redmon, J. B., Ternand, C. L., Sullivan, S., et al. (2005). Decrease in anogenital distance among male infants with prenatal phthalate exposure. *Environ. Health Perspect* **113**, 1056–61.

Takarada-Iemata, M., Takarada, T., Nakamura, Y., Nakatani, E., Hori, O. and Yoneda, Y. (2010). Glutamate preferentially suppresses osteoblastogenesis than adipogenesis through the cystine/glutamate antiporter in mesenchymal stem cells. *J Cell Physiol.*

Tan, N.-S., Shaw, N. S., Vinckenbosch, N., Liu, P., Yasmin, R., Desvergne, B., Wahli, W. and Noy, N. (2002). Selective cooperation between fatty acid binding proteins and peroxisome proliferator-activated receptors in regulating transcription. *Mol. Cell. Biol.* **22**, 5114–5127.

Tang, Q.-Q., Otto, T. C. and Lane, M. D. (2004). Commitment of C3H10T1/2 pluripotent stem cells to the adipocyte lineage. *Proc Natl Acad Sci U S A* **101**, 9607–9611.

Taxvig, C., Dreisig, K., Boberg, J., Nellemann, C., Schelde, A. B., Pedersen, D., Boergesen, M., Mandrup, S. and Vinggaard, A. M. (2012). Differential effects of environmental chemicals and food contaminants on adipogenesis, biomarker release and PPARγ activation. *Molecular and cellular endocrinology.*

Teitelbaum, S. L., Mervish, N., L Moshier, E., Vangeepuram, N., Galvez, M. P., Calafat, A. M., Silva, M. J., L Brenner, B. and Wolff, M. S. (2012). Associations between phthalate metabolite urinary concentrations and body size measures in New York City children. *Environmental Research.*

Tenenbaum, A., Motro, M. and Fisman, E. Z. (2005). Dual and pan-peroxisome proliferator-activated receptors (PPAR) co-agonism: the bezafibrate lessons. *Cardiovasc Diabetol* **4**, 14.

Tonack, S., Kind, K., Thompson, J. G., Wobus, A. M., Fischer, B. and Santos, A. N. (2007a). Dioxin affects glucose transport via the arylhydrocarbon receptor signal cascade in pluripotent embryonic carcinoma cells. *Endocrinology* **148**, 5902–5912.

Tonack, S., Kind, K., Thompson, J. G., Wobus, A. M., Fischer, B. and Santos, A. N. (2007b). Dioxin Affects Glucose Transport Via the Arylhydrocarbon Receptor Signal Cascade in Pluripotent Embryonic Carcinoma Cells. *Endocrinology* **148**, 5902–5912.

Tong, Q., Dalgin, G., Xu, H., Ting, C. N., Leiden, J. M. and Hotamisligil, G. S. (2000). Function of GATA transcription factors in preadipocyte-adipocyte transition. *Science* **290**, 134–138.

Tost, J. and Gut, I. G. (2007). DNA methylation analysis by pyrosequencing. *Nat Protoc* **2**, 2265–2275.

Tuncman, G., Erbay, E., Hom, X., De Vivo, I., Campos, H., Rimm, E. B. and Hotamisligil, G. S. (2006). A genetic variant at the fatty acid-binding protein aP2 locus reduces the risk for hypertriglyceridemia, type 2 diabetes, and cardiovascular disease. *Proceedings of the National Academy of Sciences* **103**, 6970–6975.

Uno, S., Dalton, T. P., Derkenne, S., Curran, C. P., Miller, M. L., Shertzer, H. G. and Nebert, D. W. (2004). Oral exposure to benzo[a]pyrene in the mouse: detoxication by inducible cytochrome P450 is more important than metabolic activation. *Mol. Pharmacol.* **65**, 1225–1237.

Vasiliu, O., Cameron, L., Gardiner, J., Deguire, P. and Karmaus, W. (2006). Polybrominated biphenyls, polychlorinated biphenyls, body weight, and incidence of adult-onset diabetes mellitus. *Epidemiology* **17**, 352–359.

Vogel Hertzel, A. and Bernlohr, D. A. (2000). The Mammalian Fatty Acid-binding Protein Multigene Family: Molecular and Genetic Insights into Function. *Trends in Endocrinology & Metabolism* **11**, 175–180.

vom Saal, F. S., Nagel, S. C., Palanza, P., Boechler, M., Parmigiani, S. and Welshons, W. V. (1995). Estrogenic pesticides: binding relative to estradiol in MCF-7 cells and effects of exposure during fetal life on subsequent territorial behaviour in male mice. *Toxicol. Lett.* **77**, 343–350.

Vom Saal, F. S., Nagel, S. C., Coe, B. L., Angle, B. M. and Taylor, J. A. (2012). The estrogenic endocrine disrupting chemical bisphenol A (BPA) and obesity. *Mol. Cell. Endocrinol.* **354**, 74–84.

Wang, W., Craig, Z. R., Basavarajappa, M. S., Gupta, R. K. and Flaws, J. A. (2012). Di (2-ethylhexyl) phthalate inhibits growth of mouse ovarian antral follicles through an oxidative stress pathway. *Toxicol. Appl. Pharmacol.* **258**, 288–295.

Warner, N. A., Martin, J. W. and Wong, C. S. (2009). Chiral polychlorinated biphenyls are biotransformed enantioselectively by mammalian cytochrome P-450 isozymes to form hydroxylated metabolites. *Environ. Sci. Technol.* **43**, 114–121.

Watabe, S., Hiroi, T., Yamamoto, Y., Fujioka, Y., Hasegawa, H., Yago, N. and Takahashi, S. Y. (1997). SP-22 is a thioredoxin-dependent peroxide reductase in mitochondria. *Eur. J. Biochem.* **249**, 52–60.

Wei, Y.-D., Tepperman, K., Huang, M., Sartor, M. A. and Puga, A. (2004). Chromium inhibits transcription from polycyclic aromatic hydrocarbon-inducible promoters by blocking the release of histone deacetylase and preventing the binding of p300 to chromatin. *J. Biol. Chem.* **279**, 4110–4119.

Weisiger, R. A. (2002). Cytosolic fatty acid binding proteins catalyze two distinct steps in intracellular transport of their ligands. *Mol. Cell. Biochem.* **239**, 35–43.

Welshons, W. V., Thayer, K. A., Judy, B. M., Taylor, J. A., Curran, E. M. and vom Saal, F. S. (2003). Large Effects from Small Exposures. I. Mechanisms for Endocrine-Disrupting Chemicals with Estrogenic Activity. *Environmental Health Perspectives* **111**, 994–1006.

Wetherill, Y. B., Petre, C. E., Monk, K. R., Puga, A. and Knudsen, K. E. (2002). The xenoestrogen bisphenol A induces inappropriate androgen receptor activation and mitogenesis in prostatic adenocarcinoma cells. *Mol. Cancer Ther.* **1**, 515–524.

Wilding, J. P. (2012). PPAR agonists for the treatment of cardiovascular disease in patients with diabetes. *Diabetes, Obesity & Metabolism*.

Wiles, M. V. and Keller, G. (1991). Multiple hematopoietic lineages develop from embryonic stem (ES) cells in culture. *Development* **111**, 259–267.

Wobus, A. M. (1997). Embryonale Stammzellen der Maus in vitro - Modellobjekt der Entwicklungsbiologie und der genetischen Toxikologie. Halle.

Wobus, A. M. and Boheler, K. R. (2005). Embryonic stem cells: prospects for developmental biology and cell therapy. *Physiol. Rev.* **85**, 635–678.

Wolf, G. (2010). Retinoic acid activation of peroxisome proliferation-activated receptor δ represses obesity and insulin resistance. *Nutrition Reviews* **68**, 67–70.

Wu, S., Zhu, J., Li, Y., Lin, T., Gan, L., Yuan, X., Xiong, J., Liu, X., Xu, M., Zhao, D., et al. (2010a). Dynamic epigenetic changes involved in testicular toxicity induced by di-2-(ethylhexyl) phthalate in mice. *Basic Clin. Pharmacol. Toxicol.* **106**, 118–123.

Wu, S., Zhu, J., Li, Y., Lin, T., Gan, L., Yuan, X., Xu, M. and Wei, G. (2010b). Dynamic effect of di-2-(ethylhexyl) phthalate on testicular toxicity: epigenetic changes and their impact on gene expression. *Int. J. Toxicol* **29**, 193–200.

Yan, C. and Boyd, D. D. (2006). Histone H3 acetylation and H3 K4 methylation define distinct chromatin regions permissive for transgene expression. *Mol. Cell. Biol.* **26**, 6357–6371.

Yao, M., Bain, G. and Gottlieb, D. I. (1995). Neuronal differentiation of P19 embryonal carcinoma cells in defined media. *J. Neurosci. Res.* **41**, 792–804.

Yao, C.-X., Xiong, C.-J., Wang, W.-P., Yang, F., Zhang, S.-F., Wang, T., Wang, S.-L., Yu, H.-L., Wei, Z.-R. and Zang, M.-X. (2012). Transcription factor GATA-6 recruits PPARα to cooperatively activate Glut4 gene expression. *J. Mol. Biol.* **415**, 143–158.

Yokomori, N., Tawata, M. and Onaya, T. (1999). DNA demethylation during the differentiation of 3T3-L1 cells affects the expression of the mouse GLUT4 gene. *Diabetes* **48**, 685–690.

Yonezawa, T., Lee, J.-W., Hibino, A., Asai, M., Hojo, H., Cha, B.-Y., Teruya, T., Nagai, K., Chung, U.-I., Yagasaki, K., et al. (2011). Harmine promotes osteoblast differentiation through bone morphogenetic protein signaling. *Biochem. Biophys. Res. Commun.* **409**, 260–265.

Yoon, H.-Y., Yun, S.-I., Kim, B.-Y., Jin, Q., Woo, E.-R., Jeong, S.-Y. and Chung, Y.-S. (2011). Poncirin promotes osteoblast differentiation but inhibits adipocyte differentiation in mesenchymal stem cells. *Eur. J. Pharmacol.* **664**, 54–59.

Zarković, N., Zarković, K., Schaur, R. J., Stolc, S., Schlag, G., Redl, H., Waeg, G., Borović, S., Loncarić, I., Jurić, G., et al. (1999). 4-Hydroxynonenal as a second messenger of free radicals and growth modifying factor. *Life Sci.* **65**, 1901–1904.

Zelko, I. N., Mariani, T. J. and Folz, R. J. (2002). Superoxide dismutase multigene family: a comparison of the CuZn-SOD (SOD1), Mn-SOD (SOD2), and EC-SOD (SOD3) gene structures, evolution, and expression. *Free Radic. Biol. Med.* **33**, 337–349.

Zhao, Y., Ao, H., Chen, L., Sottas, C. M., Ge, R.-S., Li, L. and Zhang, Y. (2012). Mono-(2-ethylhexyl) phthalate affects the steroidogenesis in rat Leydig cells through provoking ROS perturbation. *Toxicology in vitro: an international journal published in association with BIBRA*.

Zhu, H., Zheng, J., Xiao, X., Zheng, S., Dong, K., Liu, J. and Wang, Y. (2010). Environmental endocrine disruptors promote invasion and metastasis of SK-N-SH human neuroblastoma cells. *Oncol. Rep* **23**, 129–139.

i want morebooks!

Buy your books fast and straightforward online - at one of world's fastest growing online book stores! Environmentally sound due to Print-on-Demand technologies.

Buy your books online at
www.get-morebooks.com

Kaufen Sie Ihre Bücher schnell und unkompliziert online – auf einer der am schnellsten wachsenden Buchhandelsplattformen weltweit! Dank Print-On-Demand umwelt- und ressourcenschonend produziert.

Bücher schneller online kaufen
www.morebooks.de

VDM Verlagsservicegesellschaft mbH
Heinrich-Böcking-Str. 6-8
D - 66121 Saarbrücken

Telefon: +49 681 3720 174
Telefax: +49 681 3720 1749

info@vdm-vsg.de
www.vdm-vsg.de

Printed by Books on Demand GmbH, Norderstedt / Germany